燕麦荞麦
病虫草害图谱

任长忠　主编

中国农业出版社

北京

图书在版编目（CIP）数据

燕麦荞麦病虫草害图谱 / 任长忠 主编 . -- 北京：中国农业出版社，2025.5.

ISBN 978-7-109-32914-0

Ⅰ . S541-64

中国国家版本馆 CIP 数据核字第 2024AL8448 号

YANMAI QIAOMAI BINGCHONG CAOHAI TUPU

中国农业出版社出版

地址：北京市朝阳区麦子店街18号楼
邮编：100125
责任编辑：郭晨茜　孟令洋
版式设计：郭晨茜　李佳云　责任校对：吴丽婷
印刷：北京中科印刷有限公司
版次：2025年5月第1版
印次：2025年5月北京第1次印刷
发行：新华书店北京发行所
开本：787mm×1092mm　1/16
印张：11.5
字数：287千字
定价：180.00元

编委会

主　　编：任长忠

副 主 编：周洪友　赵桂琴　王莉花　郭来春

参编人员：张笑宇　孟焕文　东保柱　王　东

　　　　　卢文洁　孙道旺　何成兴　柴继宽

　　　　　刘　欢　何苏琴　刘景辉　王春龙

　　　　　曾昭海　赵宝平　周海涛　向达兵

前言
Foreword

　　燕麦是一种禾本科植物，在中国已有 2000 多年的种植历史。燕麦主要分布在华北、西北、西南和东北地区，年种植面积约 70 万 hm²，产量约 85 万 t。燕麦还是一种粮饲兼用作物，是我国部分地区的主要粮食作物，也是重要的饲草和饲料。燕麦营养丰富，具有高蛋白低碳水化合物的特点，β - 葡聚糖含量较高，是世界公认的高营养价值谷物，具有较高的医疗保健功效，如降血脂、控制血糖、减肥和美容等。

　　荞麦是蓼科植物，起源于我国，是我国的古老作物，同样具有 2000 多年的栽培历史。栽培种主要有甜荞和苦荞，甜荞产区主要有内蒙古、甘肃、宁夏等地，苦荞产区主要在云南、贵州、四川等地，我国年种植面积均在 100 万 hm² 以上。荞麦营养丰富，蛋白质和赖氨酸含量较高，且含有丰富的维生素 P，具有降血脂、血压和胆固醇，软化血管，保护视力和预防心脑血管出血的作用，已成为广受欢迎的保健和功能食品。

　　近年来，随着人们生活水平的提高，健康饮食成为主流，燕麦荞麦也得到更多人的喜爱，燕麦荞麦产业也有了长足的发展，种植结构发生了较大改变，集约化程度加大，复种指数也随之提高，病、虫、草害问题随之加重。病、虫、草害是影响燕麦荞麦产量和品质的主要因素，但是人们对其重视程度不够，多数种植区对主要病害不采取控制措施；杂草对两种作物产量影响普遍而严重，有的产区不采取任何措施，影响产量，有的产区采用化学除草，但往往由于使用技术不当，影响了燕麦荞麦的产量和品质，对环境也造成了不良影响。为了准确识别燕麦荞麦病、虫、草害，制定其科学高效防控措施，减少病、虫、草害造成的产量损失和品质下降，促进产业高质量发展，我们组织多年从事此项工作的专业人员编写了这本《燕麦荞麦病虫草害图谱》。

本书共收集我国各地常见或较为常见的燕麦荞麦病、虫、草害共 108 种，其中燕麦病害 13 种、荞麦病害 10 种，燕麦虫害 38 种、荞麦虫害 16 种，燕麦荞麦草害 31 种。所录病、虫、草害均配有原色照片，力求原色呈现为害症状及识别特征。

　　本书由国家燕麦荞麦产业技术体系多年从事燕麦荞麦病虫草害防控研究的专家学者编写而成。由于编者水平及时间有限，难免存有不足之处，恳请读者批评指正。

编著

2024 年 12 月

目录
Contents

第一章 燕麦病害

植物受到病原物或不良环境条件的持续干扰，其干扰强度超过了植物能够忍受的程度，使其正常的生理功能受到严重影响，在生理上和外观上表现出异常状态，就是发生了病害。植物病害可分为侵染性和非侵染性病害，侵染性病害的病原物有真菌、细菌、病毒、线虫等。燕麦生产过程中伴随着多种病害的发生。至今世界报道燕麦病害有 49 种，其中真菌性病害 20 种，细菌性病害 6 种，已经定名的病毒病害 5 种，未定名的 15 种，线虫病害 1 种，生理性病害 2 种。燕麦病害是影响燕麦产量和品质的重要因素之一。

1. 燕麦坚黑穗病

英文名： Oat covered smut

分布： 分布于内蒙古、山西、河北、甘肃、青海等燕麦种植区。

症状特点： 抽穗期可见，染病种子的胚和颖片被破坏，其内充满黑褐色粉末状冬孢子，也叫厚垣孢子，其外具坚实不易破损的灰色膜。冬孢子黏结较坚实不易分散，收获时仍呈坚硬块状。因此，称为坚黑穗。

病原： 为担子菌门黑粉菌属真菌（*Ustilago segetun* var. *segetum*）。孢子堆生在花器里。冬孢子球形至椭圆形，黑褐色，表面光滑无刺突，大小 6 ～ 9 μm。

发生规律： 孢子萌发温度为 4 ～ 34℃，适温为 15 ～ 28℃。温度高、湿度大利于发病。病原菌随种子传播，自留种地块发病严重。

防治方法：

（1）选用抗病品种。

（2）抽穗后发现病株及时拔除，携至田外集中深埋或烧毁。

（3）药剂处理种子：用种子重量 0.5% ～ 1% 的细硫黄粉拌种或用 1% 福尔马林液均匀喷在种子上。此外，也可选用 50% 多菌灵可湿性粉剂，或 50% 苯菌灵可湿性粉剂，或 15% 三唑酮可湿性粉剂，或 50% 禾穗胺可湿性粉剂，用种子重量的 0.2% 拌种，防效优异。

燕麦坚黑穗病症状及病原菌形态
A．田间危害状
B．早期症状　C．中期症状
D．后期症状　E．冬孢子
F．担子和担孢子

2. 燕麦散黑穗病

英文名：Oat loose smut

分布：分布于河北、山西、内蒙古、甘肃、宁夏等北方燕麦产区，但发病程度低于燕麦坚黑穗病。

症状特点：病株矮小，仅是健株株高的 1/3 ～ 1/2，抽穗期提前。病状始见于花器，染病后子房膨大，致病穗的种子充满黑粉，外被一层灰色膜，灰色膜容易破裂，散出粉末状黑褐色的冬孢子（厚垣孢子），仅留下穗轴。

病原：为担子菌门黑粉菌属真菌（*Ustilago avenae*）。冬孢子产生于花器中，一般只破坏部分小穗。冬孢子圆形至椭圆形，大小（5 ～ 6）μm×（7 ～ 9）μm，橄榄褐色，表面具细刺，萌发产生担子和担孢子。

发生规律：病菌在种子内越冬。病菌发育温度为 4 ～ 34℃，适温为 18 ～ 26℃。生产上播种期降水少，土壤含水量低于 30%，幼苗出苗慢，生长缓慢，病菌侵入期拉长，当年易发病。播种过深发病重。

防治方法：参照燕麦坚黑穗病的防治方法。

燕麦散黑穗病症状和病原菌形态

A-C. 穗部症状　D. 冬孢子

3. 燕麦锈病

燕麦锈病包括冠锈、秆锈和条锈3种。

英文名： Oat rust

分布： 我国主要以秆锈和冠锈为主，主要分布于华北、东北和西南地区。

病原： 属担子菌门，秆锈病病原为 *Puccinia graminis* f. sp. *tritici*；冠锈病原为 *Puccinia coronate* f. sp. *avenae*；条锈病病原为 *Puccinia striiformis*。

症状特点： 主要发生在燕麦生长中后期，燕麦冠锈病多见于叶片、叶鞘和穗上；燕麦秆锈病主要发生在茎秆和叶鞘上，叶片和穗部也有发生。发病初期，叶片上产生橙黄色至红褐色椭圆形疱斑，后期稍隆起，且较小，即夏孢子堆。孢子堆破裂后，散发出夏孢子。后期燕麦近枯黄时，在夏孢子堆上产生黑色的冬孢子堆。

发生规律： 在贵州、云南于夏孢子阶段进行重复侵染，完成整个周年侵染循环；在山区或云贵高原，其发生期随海拔高度上升而延迟；低温地区始发于4月上旬，5月中、下旬进入盛发期；海拔2 000 m以上地区推迟20～30 d。

防治方法：

（1）选育抗病品种。

（2）提前播种，使大田锈病盛发期处于燕麦的生育后期，可减少损失。

（3）田间锈病始发期和始盛期及时喷洒20%三唑酮乳油1 500～2 000倍液，或25%丙环唑乳油4 000倍液，或20%对氨基苯磺酸钠可湿性粉剂1 000倍液，隔15～20 d茎叶喷施1次，共防治1～2次。

燕麦锈病症状及病原菌形态

A．夏孢子阶段　　B.冬孢子阶段　　C、D.秆锈症状　　E.冠锈症状
F.冬孢子　　G.夏孢子

4. 燕麦白粉病

英文名：Powdery mildew of oat

分布：分布于甘肃、云南等燕麦产区。

症状特点：主要发生在叶片及叶鞘上，叶片的正面较多，叶背、茎及花器也可发生。病部初现白色粉斑，粉斑早期单独分散，后连接成较大粉斑，扩散成灰白色粉层，甚至可以覆盖全叶。后期表面覆盖的粉层逐渐加厚，似绒毛状，颜色由白色逐渐变为灰色，为病菌分生孢子梗和分生孢子，散生黑色小点，即闭囊壳。

病原：*Erysiphe graminis* f. sp. *tritici* 属子囊菌门白粉菌目。菌丝体表寄生，蔓延于寄主表面，在寄主表皮细胞内形成吸器吸收寄主营养。病部产生的小黑点，即病原菌的闭囊壳，黑色球形，内含子囊9～30个。子囊长圆形或卵形。

发生规律：从幼苗至成株期皆可发生，以燕麦中后期发生较重。一般阴雨天多、湿度较大、光照不足是白粉病严重流行的主要生境条件。病菌靠分生孢子或子囊孢子借气流传播到燕麦植株上，初次侵染发病，侵染部位产生分生孢子，分生孢子随气流传播，进行多次再侵染。病菌在发育后期进行有性繁殖，在菌丛上形成闭囊壳。该病发生适温15～20℃，低于10℃发病缓慢。相对湿度大于70%有可能造成病害流行。管理不当、水肥不足、土地干旱、植株衰弱、抗病力低，易发生该病。早播田较迟播田发病重。

防治方法：

（1）使用抗病品种。

（2）合理灌水施肥，适当增施磷肥和钾肥，使植株生长健壮。

（3）可用0.3%三唑酮可湿性粉剂拌种。病叶率达到15%时，可用三唑酮或粉锈宁进行喷雾防治。

燕麦白粉病症状及病原菌形态

A-C. 症状　D、E. 分生孢子梗和分生孢子

5. 燕麦叶斑病

英文名：Oat leaf spot

分布：全国燕麦种植区均有发生，尤其是湿度高、土温低的地区常见此病害。在我国南方燕麦区，该病常与锈病混合发生，对产量影响较大。

症状特点：主要危害叶片和叶鞘，燕麦苗期易发病。发病初期病斑呈水渍状，灰绿色，大小 (1 ～ 2) mm×(0.5 ～ 1.2) mm，后渐变为浅褐色至红褐色，边缘紫色。病斑四周有一圈较宽的黄色晕圈，后期病斑继续扩展到 (7 ～ 25) mm×(2 ～ 4) mm，呈不规则条斑。严重时病斑融合成片，从叶尖向下干枯。

病原：主要为燕麦内脐蠕孢菌（*Drechslera avenacea*），属无性型真菌类群内脐蠕孢属。分生孢子单生，圆柱状两端圆，浅黄褐色，具 3 ～ 6 个横膈膜，脐点明显且凹入基部细胞内，大小 (65 ～ 130) μm×(15 ～ 20) μm。

发生规律：分生孢子通过气流传播，多雨年份病害发生程度较重。

防治方法：

(1) 选用抗病品种。

(2) 采用免耕覆盖的耕作方式。

(3) 合理灌水施肥。

(4) 病害发生初期可用多菌灵、腐霉利、甲霜锰锌喷雾防治。

燕麦叶斑病症状和病原菌形态

A-F. 症状 G、H. 分生孢子

6. 燕麦褐斑病

英文名: Brown spot of oats

分布: 全国燕麦种植区均有发生,尤其是湿度高、土温低的地区常见此病害。

症状特点: 主要危害叶片,病斑初为针尖大小的水渍状斑,渐呈圆形至梭形小褐斑,具黄色晕圈,后扩展为长椭圆形或不规则状褐色斑,大小(1~3)mm×(0.5~2)mm。

病原: 麦根腐平脐蠕孢(*Bipolaris sorokiniana*)属无性型真菌类群,分生孢子梗单生,少数集生,圆筒状或屈膝状,褐色。分生孢子弯曲,纺锤形、宽椭圆形,暗褐色,具3~12个假隔膜,多数6~10个。

发生规律: 该病在高海拔地区发生严重。病原菌的适应性极强,菌丝在5~35℃均可生长,最适生长温度为30℃;在10~30℃均可产孢,分生孢子在5~35℃均可萌发。

防治方法: 参照燕麦叶斑病。

燕麦褐斑病症状及病原菌形态

A. 田间症状 B. 分生孢子

7. 燕麦炭疽病

英文名：Oat anthracnose

分布：全国燕麦种植区均有发生，为内蒙古、河北和山西燕麦上的主要病害。

症状特点：燕麦炭疽病主要危害燕麦叶片、下部叶鞘及茎基部。叶片染病初生梭形至近梭形黄褐色病斑，严重的病斑中央呈溃烂撕裂状，病斑上可见黑色小粒点，即病菌的分生孢子盘。发病严重时，整株燕麦的叶片全部枯死，叶片上布满分生孢子盘。叶片及叶鞘均受害。

病原：禾生炭疽菌（*Colletotrichum graminicola*）属无性型真菌类群炭疽菌属。分生孢子盘寄生在燕麦组织表面，有时生有深色、具隔膜的刚毛，内部产生分生孢子。分生孢子无色、单孢，长椭圆形或新月形。

发生规律：病菌以分生孢子盘和菌丝体在寄主病残体上越冬或越夏，也可附着在种子上传播。播种带菌的种子，或幼苗根及根颈或基部的茎接触带菌的土壤，即可染病。侵染后10 d病部就可出现分生孢子盘。在田间气温25℃左右，湿度大，有水膜的条件下有利于病菌侵染和孢子形成。杂草多的连作地，肥料不足、土壤碱性地块利于发病。

防治方法：参照燕麦叶斑病。

燕麦炭疽病症状及病原菌形态

A. 田间危害状　B. 叶部病斑　C. 分生孢子

8. 燕麦鞘腐病

英文名：Sheath rot of oat

分布：主要分布于内蒙古、河北、山西燕麦产区。

症状特点：拔节抽穗期发病，点片发生，主要侵染燕麦植株旗叶。前期主要表现为叶鞘黄化、干枯和腐烂，发病植株变成孕枯穗或发病小穗和麦芒变褐。田间湿度大时病变部位会出现灰色霉层。

病原：禾生指葡萄孢霉（*Dactylobotrys graminicola*）属无性型真菌类群葡萄孢属。分生孢子梗无色、散生，直立或匍匐，交互、叉状、聚伞状或帚状分枝。产孢细胞簇生于分生孢子梗末级分枝顶端成指状或掌状。分生孢子无色、单胞，罕有一个隔膜，近球形、卵圆形、倒梨形、纺锤形或葫芦形，表面具网脊或疣突。

发生规律：该病害主要发生于高海拔地区，主要寄生在孕期的大麦或栽培燕麦和野燕麦旗叶叶鞘。

防治方法：可选用 50% 多菌灵可湿性粉剂 500 倍液、70% 代森锰锌可湿性粉剂 500 倍液、430g·L⁻¹ 戊唑醇悬浮剂 5 000 倍液等药剂喷雾防治。

燕麦鞘腐病症状及病原菌形态

A. 穗和叶鞘症状　B. 叶鞘症状　C. 病原菌

9. 燕麦红叶病

英文名： Red leaf disease of oat

分布： 分布于世界各地。

症状特点： 通常表现出发育不良，植株叶片出现黄色或红色的变色斑；叶尖附近呈现黄棕色或橙棕色的弥漫性斑点，斑点扩大并融合，直到大部分叶子受到影响并出现橙棕色，最后变成深红色，现场很容易辨认，为典型症状。受影响的燕麦幼苗可能会出现叶脉间失绿，严重的发育迟缓，弱分蘖增加、小花败育等其他症状。植株分蘖后感染病毒，会导致新生叶片和叶尖出现特征性"变红"，以及老叶死亡。

病原： 大麦黄矮病毒（*Barley yellow dwarf virus*，BYDV），病毒粒体直径 24 nm，在汁液中致死温度为 65 ～ 70℃。可侵染燕麦、小麦、大麦、黑麦、玉米等。

发生规律： 该病害通过蚜虫的迁移而传播，病毒可从受侵染的谷物和杂草传播到燕麦及其他谷物。因蚜虫在侵染过程中的作用，蚜虫的存活、积累及扩散与该病害的发生密切相关。

防治方法：

（1）选用抗病品种。

（2）改善栽培条件，加强管理。

（3）播种前用 100kg 种子与 600g/L 吡虫啉悬浮种衣剂，加 60g/L 戊唑醇悬浮种衣剂，再加 2L 水混匀后拌种，晾干后播种，能够有效地防治蚜虫及病毒的传播。

燕麦红叶病症状及传毒昆虫

A、B. 叶部症状　　C. 蚜虫

10. 燕麦细菌性条斑病

英文名： Oat bacterial stripe disease

分布： 燕麦细菌性条斑病，又称细菌性条纹病。该病害在我国南北方的部分燕麦种植区有发生。

病原： 燕麦噬酸菌（*Pseudomonas avenae*），菌体杆状，大小 1.8 μm×0.6 μm，单生、双生或链状，具极生鞭毛 1 ～ 2 根。革兰氏染色阴性，好气性。肉汁胨平板上菌落白色，具乳光，圆形，突起，表面平滑具光泽。

症状特点： 主要危害叶片和叶鞘，也可发生在其他部位。病斑浅褐色或红褐色，条状，沿叶脉扩展。在显微镜下，取发病病叶进行镜检，可观察到菌溢现象。

发生规律： 病菌随病残体在土壤中越冬。翌年雨季，病菌从植株伤口或气孔侵入，主要通过雨水飞溅、叶片接触以及昆虫进行传播，高温、高湿的雨季有利于病害的发生和扩展。地势低洼、排水不良、偏施过施氮肥易发病。该病害也可以随种子进行传播。

防治方法：

（1）精选种子，避免使用发病田收获的种子。

（2）避免在植株叶片潮湿时进行农事操作，以防止该病害的进一步传播。

（3）及时清除田间病株。

燕麦细菌性条斑病症状

A. 田间危害状　B-D. 叶部症状

11. 燕麦细菌性晕疫病

英文名: Oat bacterial halo blight disease

分布: 主要分布于燕麦种植区，但并不常见。据报道，2019—2020年甘肃环县有该病发生。

病原: *Pseudomonas syrzngae* pv. *coronafaciens* 为丁香假单胞菌的一个致病变种。菌体呈短杆状，单生或成对，大小为（0.6～1.3）μm×（1.5～3）μm，革兰氏阴性菌，具有1～7根极生鞭毛。在LB培养基上菌落圆形，灰白色，略凸起，有光泽，边沿整齐，半透明。

症状特点: 主要侵害燕麦叶片，通常发生在叶片尖端，并沿叶脉向整个叶片蔓延，在燕麦生长后期（拔节至开花期）病情更重。发病初期在叶片上出现不规则水渍状斑点，后在病斑周围出现直径0.5～1 cm的晕圈，斑上常有菌脓溢出；叶脉染病致叶脉坏死，易穿孔或皱缩畸形。

燕麦细菌性晕疫病症状

A. 田间症状 B-D. 叶部症状

12. 燕麦胞囊线虫病

英文名： Cereal cyst nematode

分布： 我国河北、青海、山西、内蒙古等地均有发生。除我国外，在英国、俄罗斯、意大利、澳洲、美国、加拿大、日本和印度等五大洲的 32 个国家发生为害，已引起世界各燕麦生产国的重视。

症状特点： 各生育期均可表现症状，苗期较明显。燕麦胞囊线虫为定居型内寄生，危害燕麦根部，病株根尖生长受抑制，造成多重分枝和肿胀，次生根增多，根系纠结成团。受害根部可见附着胞囊，柠檬形，开始呈为灰白色，成熟时呈褐色。叶片由紫红色渐变为黄色，似缺氮症状。田间植株表现分蘖减少、矮化、萎蔫、发黄等营养不良症状，或大面积缺苗。

病原： 该病由燕麦胞囊线虫（*Heterodera avenae*）引起，线虫从卵孵化出 2 龄幼虫，侵入寄主根系，继续发育，蜕皮 3 次，变为成虫，雌雄交配，雌虫产卵，完成发育循环，这就是线虫的生活史。

发生规律： 卵可在胞囊内存活数年，尤其是在凉爽、干燥的条件下存活时间更长。除寄生作物之外，线虫的分布还与土质有关。在英国，燕麦胞囊线虫在轻沙性土、贫瘠土壤和缺少有机质的白垩土中分布最多，危害也最重。在北京，冬小麦上危害较重。胞囊脱落后在土壤中越冬，可借水流、风、农机具等传播。麦类作物连作地块发生严重。

防治方法：

（1）适当增施有机厩肥、氮肥和磷肥可抑制燕麦胞囊线虫的侵害。

（2）禾谷作物与非禾谷作物轮作可以有效地抑制线虫严重为害，连作会增加土壤内胞囊的积累量。

（3）用新型线虫种衣剂、常规杀线虫处理种子。

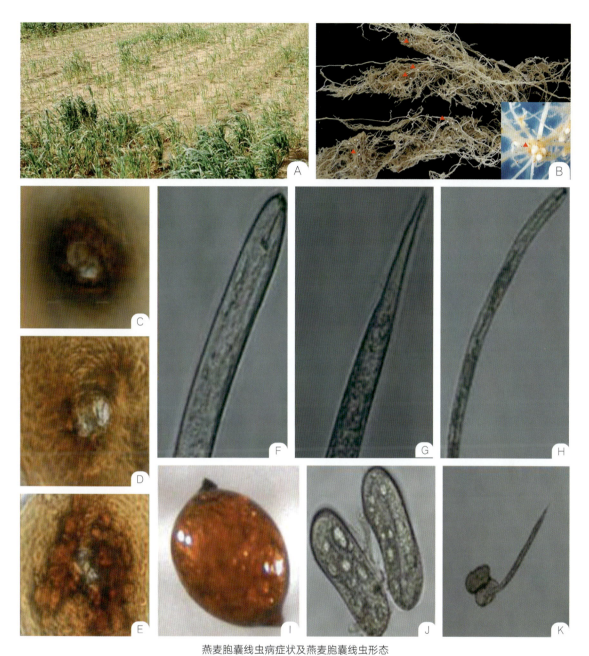

燕麦胞囊线虫病症状及燕麦胞囊线虫形态

A.地上部分危害状　B.地下部分危害状及白色胞囊　C-E.阴门膜孔和泡状突　F.二龄幼虫头部　G.二龄幼虫尾部
H.二龄幼虫　I.浅褐色胞囊　J.受精卵　K.卵和二龄幼虫

13. 燕麦赤霉病

别名： 烂穗病、麦秸枯、烂麦头、红麦头、红头瘴。

英文名： Oat scab

分布： 目前，该病在国内鲜有报道，主要分布在芬兰、意大利和加拿大。

症状特点： 主要危害燕麦穗部造成穗腐。整个麦穗或部分小穗白化，籽粒变褐干瘪。田间湿度大时，发病麦穗表面会形成粉红色霉层，造成燕麦产量和品质下降。最重要的是，病菌产生的真菌毒素脱氧雪腐镰刀菌烯醇、玉米赤霉烯酮等人畜食用后会引起急性中毒症状。

病原： 由镰刀菌（*Fusarium* spp.）引起的，主要为 *F. langsethiae* 和 *F. graminearum*。大型分生孢子弯月形，小型分生孢子很少产生，会形成抗逆性很强的厚垣孢子。

发生规律： 燕麦生长的各个阶段都能受害，苗期侵染引起燕麦苗腐，中后期侵染引起秆腐和穗腐，以穗腐危害性最大。病菌最先侵染花药，其次为颖片内侧壁。通常一个麦穗的小穗先发病，进而使其上部其他小穗迅速失水枯死而不能结实。扬花期侵染，灌浆期显症，成熟期成灾。扬花期感染率最高，特别在齐穗后 20 d 内最易感病。抽穗至灌浆期雨期的长短是影响病害发生轻重的重要因素。

防治方法：

（1）选用抗病品种，培育无病种子田。

（2）深耕灭茬，清洁田园，减少和控制病菌来源。

（3）药剂拌种，生长期发病，以化学防治为主。

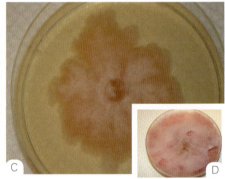

燕麦赤霉病症状及病原菌形态

A、B.田间危害症状　C、D.病原菌

第二章　荞麦病害

1. 荞麦白粉病

英文名: Buckwheat powdery mildew

分布: 分布于云南、四川、重庆、贵州、江苏等南方荞麦主产区,北方也有零星发生。

症状: 主要危害荞麦叶片,最初在叶面或叶背出现白色近圆形的星状小粉点,菌丝体在叶的两面生,少数为叶背生,随着病情发展,病斑向四周扩展,呈边缘不明显的连片白粉状。病害严重发生时,菌丝体形成厚或薄的白色斑片,最后布满叶片,整张叶片布满白粉,植株的光合效能降低,同时叶片枯黄变脆,植株提早萎黄干枯、早衰死亡,造成荞麦结实率低,产量和品质下降。

病原: 蓼白粉菌(*Erysiphe polygoni*),通过显微镜观察病原菌,可看到病原菌的子囊果暗褐色,扁球形;附属丝弯曲,呈扭曲状或曲折状;柱形的分生孢子及其顶端具芽管,分生孢子大小为(30~45)μm×(13~19)μm。

发生规律: 病菌菌丝体在寄主残体上越冬,翌年春季产生分生孢子,成为初次侵染源。通过气流传播蔓延,与寄主植株接触后,孢子萌发直接从表皮细胞侵入。一般在8月初发病,9月达到发病高峰。

防治方法: 发病初期可用75%百菌清可湿性粉剂600倍液,或70%甲基硫菌灵可湿性粉剂500倍液,或20%粉锈宁乳油400倍液喷雾防治,每隔7d防治1次,连喷2~3次。

荞麦白粉病症状及病原菌形态

A. 田间症状　B. 叶部症状　C. 病原菌闭囊壳　D. 萌发的分生孢子

2. 荞麦轮纹病

英文名： Buckwheat ring rot

分布： 内蒙古、山西、河北、甘肃、宁夏、陕西、江苏、四川、云南、贵州、重庆等全国荞麦产区均有发生。

症状特点： 主要危害荞麦叶片，发病初期，叶片出现黄褐色圆形或近圆形病斑，随着病情发展，病斑逐渐扩大，并形成同心轮纹，后期逐渐扩展为圆形或不规则状大小不一的褐色病斑，呈轮纹状，在病斑中央及轮纹线上散生许多暗褐色小点，为病原菌的分生孢子器。严重时病斑破碎穿孔、脱落，使叶片变脆变硬，植株提早萎黄干枯、早衰死亡，造成产量和果实品质下降。

病原： 主要为草茎点霉（*Phoma herbarum*），病原菌在 PDA 平板培养基上不易产生分生孢子，形成少量的分生孢子器。分生孢子器多为球形、扁球形，直径 120 ~ 140 μm，高 80 ~ 110 μm，具有孔口，遇水后从孔口喷射出分生孢子。分生孢子单胞，无色，椭圆形、短棒状，大小为 (5 ~ 9) μm × (2 ~ 3.5) μm。

防治要点：

(1) 农业防治。选用抗（耐）病品种；合理轮作，与燕麦、玉米、豆类等作物实行 3 年以上的轮作；精细整地，合理施肥；适时适量播种。

(2) 化学防治。用 6% 戊唑醇悬浮剂 30 ~ 45 mL（有效成分 1.8 ~ 2.7g），或 5% 腈菌唑乳油或 5% 苯醚甲环唑水乳剂按照种子量的 0.3% ~ 0.5% 拌种。发病初期，亩*用 25% 戊唑醇可湿性粉剂 50 g 兑水喷防；或用 5% 腈菌唑乳油，或 5% 苯醚甲环唑水乳剂，或 40% 复方多菌灵胶悬剂，或 75% 代森锰锌可湿性粉剂等杀菌剂 800 ~ 1 000 倍液均匀喷施。

(3) 生物防治。发病前期可选用商业化的枯草芽孢杆菌或木霉菌粉剂喷施。

---

* 亩为非法定计量单位，1 亩 ≈667m² 。

荞麦轮纹病症状及病原菌形态

A、B.症状　C.病原菌菌落　D.分子孢子器　E.分生孢子

3. 荞麦叶枯病

英文名：Buckwheat leaf blight

分布：主要分布于河北、山西、云南、陕西、内蒙古、宁夏等荞麦产区。

症状：发病初期，荞麦叶尖或叶缘出现不规则褐色或深褐色病斑，随着病情发展蔓延，病斑逐渐向叶基部扩展，病斑变为黑色，病部呈 V 形。成熟叶和嫩叶均可受害，但嫩叶危害更为严重。

病原：链格孢属交链格孢霉（*Alternaria alternata*），该病原菌在 PDA 培养基上的菌落近圆形，边缘规则，呈灰青色至暗褐色，菌丝致密，菌落背面呈深褐色至黑色。分生孢子倒棍棒状或倒梨状，褐色，具横隔膜 3～8 个，分隔处略缢缩或不缢缩，纵斜隔膜 0～4 个，大小 (16.5～45.0) μm ×（5.0～13.5）μm；厚垣孢子呈球形，直径 6～12 μm。

发生规律：病菌以菌丝体和分生孢子在病残体上或随病残体遗落土中越冬，病部产生分生孢子借风雨传播，翌年产生分生孢子进行初侵染和再侵染。病菌多由伤口侵入。高温、高湿有利于发病。

防治方法：

（1）农业防治。可进行轮作，最好选择豆科类作物轮作，病菌可侵染大多数的十字花科蔬菜，因此，不能与大白菜、小白菜、油菜、甘蓝、花椰菜和青花菜等各种十字花科蔬菜连作、套作和邻作。播种前施足底肥，适当增施磷、钾肥，可提高植株的抗病力。收获后彻底清除田间病残体，集中烧毁或深埋，并要深翻晒垡，可有效降低第二年的初始菌量，减轻病害的发生。

（2）化学防治。可用 70% 代森锰锌可湿性粉剂拌种，或在发病初期及时喷药，可选用异菌脲、代森锰锌等药剂。

荞麦叶枯病症状及病原菌形态

A-C. 症状　D、E. 菌落正、反面　F. 分生孢子　G. 厚垣孢子

4. 荞麦茎枯病

英文名：Buckwheat stem wilt

分布：主要分布于云南、山西、陕西、宁夏、甘肃、四川等荞麦产区。

症状：荞麦茎枯病病菌主要是从植株茎部侵染危害。发病初期，茎部出现小面积褐色不规则病斑，随着病情发展，病斑沿主茎的顶部和基部、侧枝扩展蔓延，致使主茎及侧枝大面积受到侵染危害，受害部位呈深褐色至黑色，高温高湿条件下，病斑沿茎部快速蔓延扩散，叶片变黄萎蔫，最后导致植株干枯死亡，给荞麦生产造成严重损失。

病原：尖镰孢（*Fusarium oxysporum*），在 PDA 平板培养基上 25℃恒温黑暗培养 5 d，菌落直径可达 80～85 mm。菌落圆形，气生菌丝呈白色絮状，菌落背面呈白色。显微镜下可观察到大型分生孢子、小型分生孢子和厚垣孢子。大型分生孢子呈纺锤形，顶端稍弯曲，一般具 3～5 个隔膜，大小（23.5～45.6）μm×（3.2～5.1）μm；小型分生孢子呈椭圆形或肾形，单胞或双胞，无色，大小（4.7～12.8）μm×（2.5～3.9）μm；厚垣孢子呈球形，直径 7.0～9.6 μm。

荞麦茎枯病症状及病原菌形态

A-C. 症状　D、E. 菌落正、反面　F. 分生孢子　G. 厚垣孢子

5. 荞麦细菌性叶斑病

英文名： Buckwheat leaf rot

分布： 主要分布于河北、内蒙古、山西、云南、甘肃等荞麦产区。

症状： 荞麦细菌性叶斑病症状主要出现于荞麦开花期，荞麦叶片上有不规则、大小不一的红褐色病斑。

病原： 铜绿假单胞菌（*Pseudomonas aeruginosa*）。菌落大而扁平、湿润、有金属光泽、蓝绿色、透明。为革兰氏阴性杆菌，菌体细长且长短不一，有时呈球杆状或线状，成对或短链状排列，极生单鞭毛。

荞麦细菌性叶斑病叶部症状

6. 荞麦立枯病

英文名： Buckwheat damping-off

分布： 主要分布于云南、四川、贵州、重庆等田间湿度大的荞麦产区。

症状： 荞麦立枯病为苗期病害，发病初期在植株茎基部出现赤褐色病斑，逐渐扩大凹陷，严重时扩展到茎四周，幼苗萎蔫枯死。以在土中越冬的病原菌菌丝体侵染植株引起，且病菌可在土中腐生 2 ～ 3 年。

病原： 立枯丝核菌第四（第五）融合群（*Rhizoctonia solani* AG4（AG5）-HG-III），病原菌菌核由纵横交错的直角分枝的菌丝构成。菌丝细而长，分隔处缢缩，一个细胞中有多个细胞核。

A. 苗期症状　B. 成株期症状　C. 菌丝直角分枝　D. 菌丝融合

燕麦荞麦病虫草害图谱

7. 荞麦茎基腐病

别名：荞麦茎溃疡病

英文名：Buckwheat basal rot

分布：分布范围比较广，在北方和南方荞麦产区均有发生。

症状：该病主要危害荞麦地下根茎。茎部受害，苗期在植株地下茎上出现黄褐色的圆斑，并向上扩展，病斑呈椭圆形或不规则状，危害严重时病斑绕茎一周导致植株生长势减弱，植株死亡。成熟期症状为植株茎基部产生褐色至深褐色略凹陷病斑，向上下及四周扩展。根部受害，在根上形成褐色坏死斑，后期侧根腐烂脱落，仅剩主根。有时在地上茎基部形成一层白色的霉层。荞麦茎基腐病病原菌不引起地上茎表皮坏死。

病原：镰刀菌（*Fusarium* spp.），病原菌菌落初期为灰白色，逐渐变为浅褐色，生长迅速，3 d即可长满培养皿，7 d可产生浅褐色菌核，随后数量逐渐增多，颜色加深。菌丝粗壮，分枝呈锐角或近直角，分枝处多缢缩，分枝点附近形成一隔膜。不产生无性孢子。

荞麦茎基腐病症状及病原
菌形态

A、B. 苗期症状
C. 成株期症状
D、E. 菌落　F. 菌丝分枝

8. 荞麦枯萎病

英文名： Buckwheat fusarium wilt

分布： 目前仅在辽宁发现有分布。

症状： 荞麦枯萎病从幼苗到成株期均可发病。发病初期，茎基部开始变褐，慢慢根茎部变褐，出现缺水状，引起植株萎蔫，部分叶片开始变黄，甚至皱缩，最初中午萎蔫早晚能恢复，后期则不能恢复，严重时叶片萎蔫脱落，整个植株萎蔫枯死，茎部维管束变色。苗期发病茎基部缢缩。

病原： 镰刀菌（*Fusarium* spp.），病原菌的小型分生孢子多为单细胞，少数有 1～3 分隔，形状有卵形、椭圆形、肾形。大型分生孢子分隔多于 3 个，有镰刀形、长筒形、纺锤形等。有的厚垣孢子形成于菌丝及分生孢子中，通常为圆形或卵圆形。分生孢子梗具分枝。

荞麦枯萎病症状及病原菌形态
A、B. 成株期症状　C. 苗期症状　D、E. 菌落正反面　F. 分生孢子　G. 厚垣孢子

9. 荞麦根结线虫病

别名：荞麦肿根病

英文名：Buckwheat root knot nematode

分布与危害：主要分布在云南、四川、贵州、重庆、江苏等南方秋播荞麦产区。

症状：根结线虫主要危害荞麦根部。子叶期染病，可致幼苗死亡。成株期染病主要危害侧根和须根，发病后侧根和须根上长出大小不等的瘤状根结，有的呈串珠状，有的呈鸡爪状，地上部分生长发育不良。轻者病株症状不明显，重者则较矮小，荞麦苗黄弱不生长。

病原：危害西南区荞麦的根结线虫种类主要有3种：南方根结线虫（*Meloidogyne incognita*）、爪哇根结线虫（*M. avcmica*）和花生根结线虫（*M. arenaria*）。

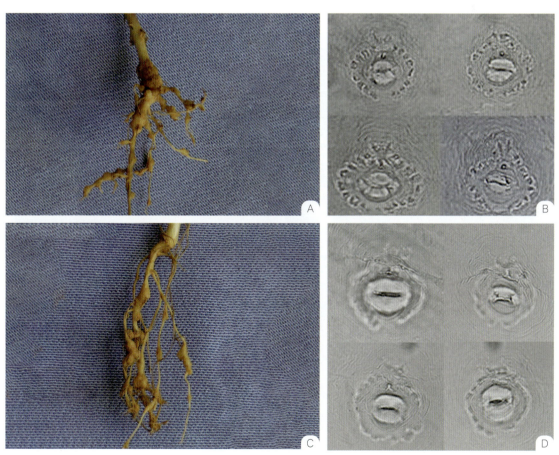

荞麦根结线虫病症状及雌虫会阴花纹

A、C.症状　B、D.雌虫会阴花纹

10. 荞麦黑穗病

英文名： Buck wheat smut

分布与危害： 目前，仅在云南金荞麦上有发现。

症状特点： 荞麦黑穗病主要危害穗部，通常一株上所有花序籽粒都受害。开花时子房壁膜破裂散出黑粉，即病原菌孢子。

病原： 蓼轴黑粉菌（*Sphacelotheca hydropiperis*），黑粉菌科轴黑粉菌属。光学显微镜下，病原菌冬孢子的形状为球形或扁球形，紫褐色，大小（10.78 ～ 17.66）μm×（8.10 ～ 15.83）μm；扫描电子显微镜下，孢子表面结构特征为瘤单个或多个联合，形成连续或不连续网纹。

荞麦黑穗病症状及病原菌形态

A、B. 田间症状　C. 病原菌冬孢子　D. 冬孢子表面的网纹特征

第三章　燕麦虫害

1. 华北大黑鳃金龟

学名：*Holotrichia oblita*

分类：鞘翅目鳃金龟科

分布：东北、华北、西北等省份。

寄主：多种禾本科农作物、牧草，以及林木、果树、中药材和花卉等。

形态特征：成虫体长 21 ～ 23 mm，宽 11 ～ 12 mm，黑色或黑褐色，有光泽，长椭圆形。胸、腹部生有黄色长毛，臀板端明显向后突起，顶端圆尖，前胸背板宽为长的 2 倍，前缘钝角、后缘角几乎成直角。卵椭圆形，白色略带黄绿色光泽，发育后期呈圆球形。末龄幼虫体长约 45 mm，头黄褐色，体乳白色。离蛹体长约 21 mm，初期白色，渐转红褐色，头部细小，向下稍弯，复眼明显，触角较短，腹部末端有叉状突起 1 对。

生活习性及危害特点：东北、西北和华东地区 2 年发生 1 代，华中及江浙地区 1 年发生 1 代，以成虫或幼虫越冬。成虫昼伏夜出，黄昏时开始活动，20:00 ～ 22:00 为出土高峰，有趋光性及假死性。卵散产于 6 ～ 15 cm 深的湿润土中，每次产卵 32 ～ 193 粒，卵期 19 ～ 22 d。幼虫共 3 龄，有自残习性，土壤过湿或过干都会造成幼虫大量死亡。老熟幼虫在土深 20 cm 处筑土室化蛹，预蛹期约 22.9 d，蛹期 15 ～ 22 d。幼虫在土内取食萌发的种子、幼根、地下茎，咬断幼苗，轻则缺苗断垄，重则毁种绝苗，食害幼苗后断口整齐平截，易于识别；成虫出土取食叶、花蕾、嫩芽和幼果，常将叶片咬食成缺刻和孔洞，残留叶脉基部，严重时将叶全部吃光。

防治方法：要贯彻"预防为主，综合防治"的植保方针，以农业防治为基础，因地制宜地开展综合防治，是控制蛴螬（即金龟子幼虫）危害的根本出路。

（1）预测预报。蛴螬为地下害虫，栖息于土壤中，不易发现、更不易防治。如果发生，通常是错过防治的最佳时期。在生产实际中，必须做好害虫的预测预报。蛴螬的防治指标，每平方米 1 头为轻发生，2 ～ 3 头为中等发生，3 头以上为严重发生。

（2）农业防治。①深翻土地。深耕耙压，可将大量蛴螬暴露于地表，通过机械损伤、冷冻或天敌捕食、寄生等，可降低虫量 15% ～ 30%。②清理田间杂草，破坏地下害虫的生存环境。③轮作倒茬。与非寄主植物进行轮作倒茬。一般情况下，前茬为豆类、花生、甘薯和玉米的地块，常会引起蛴螬的严重发生，这与蛴螬的取食活动有密切关系。有条件的地方可实行水旱轮作，以减轻危害。④植物诱集。在作物田边种植蓖麻等植物引诱金龟子取食，扰乱其发育进程，使其不能正常入土越冬。⑤合理施用化肥。金龟子对未腐熟的厩肥有强烈趋性，常将卵产于此。施用充分腐熟的农家肥，能减少金龟子产卵、降低虫口基数。另外，腐熟的有机肥可改良土壤的透水、通气性状，创造有利于土壤微生物活动的良好条件，使根系发育快，增强作物的抗虫性。碳酸氢铵、腐殖酸铵、氨化过磷酸钙等化学肥料，散发出氨气对蛴螬等地下害虫具有一定的驱避作用。⑥合理灌溉。春季和夏季作物生长期间适时灌溉，迫使生活在土表的蛴螬下潜或死亡，可减轻其危害。

（3）生物防治。选用每克150亿孢子的球孢白僵菌或绿僵菌可湿性粉剂，每亩沟施300g；用嗜菌异小杆线虫（*H. bacteriophora*）防治低龄蛴螬。

（4）理化诱控。使用黑光灯、汞灯、频振式杀虫灯、黑绿单管双光灯等诱杀金龟子；用糖醋酒液、性信息素诱杀器，可兼诱多种害虫。

（5）化学防治。用毒死蜱、氯唑磷、辛硫磷等高效、低毒的药剂拌种或沟施。

华北大黑鳃金龟
A. 成虫　B. 幼虫　C. 蛹

2. 东北大黑鳃金龟

学名： *Holotrichia diomphalia*

分类： 鞘翅目鳃金龟科

分布： 东北、华北各省份。

寄主： 是东北旱粮耕作区的重要地下害虫。除危害燕麦等农作物以外，还可危害早熟禾、黑麦草、苏丹草、羊草、狗尾草、羊茅、苜蓿、三叶草等牧草。

形态特征： 成虫体长 16 ～ 21 mm，宽 8 ～ 11 mm，黑色或黑褐色，具光泽，小盾片近半圆形。鞘翅呈长椭圆形，每翅具 4 条明显的纵肋。臀节外露，背板向腹部下方包卷。前臀节腹板中间，雄性呈一明显的三角形凹坑，雌性呈尖齿状。卵初产呈长椭圆形，发育后期呈圆球形，大小约 2.7×2.2 mm，洁白而有光泽。三龄幼虫体长 35 ～ 45 mm，头宽 4.9 ～ 5.3 mm。头部黄褐色，通体乳白色。裸蛹体长 21 ～ 24 mm，宽 11 ～ 12 mm；初期白色，渐转红褐色。

生活习性及危害特点： 我国各地多为 2 年发生 1 代，幼虫期 340 ～ 400 d，老熟幼虫做土室化蛹，蛹期约 20d，羽化的成虫当年不出土，在土室里越冬。卵期 15 ～ 22 d，多产在 6 ～ 12 cm 深的表土层。成虫、幼虫均能危害，尤以幼虫危害最重。成虫昼伏夜出，对灯光有一定的趋性，但雌虫几乎完全不上灯。幼虫栖息在土壤中，取食萌发的种子，造成缺苗断垄，成虫仅食害苗木及部分叶片。

防治方法： 参照华北大黑鳃金龟。

东北大黑鳃金龟
A. 成虫　B. 幼虫

3. 暗黑鳃金龟

学名：*Holotrichia parallela*

分类：鞘翅目鳃金龟科

分布：分布于黑龙江、吉林、辽宁、内蒙古、甘肃、青海、陕西、山西、河北、河南、山东、安徽、浙江、江苏、湖北、湖南、四川、江西、福建、贵州等地。

寄主：燕麦、花生、豆类、马铃薯等作物，还有杨树、槐树、柳树等多种林木。

形态特征：成虫长椭圆形，体长 17～22 mm，宽 9～12 mm。长卵形，暗黑色或红褐色，无光泽。前胸背板前缘有成列的褐色长毛，鞘翅两侧几乎平行，每侧具 4 条不明显的纵肋，臀节背板向腹部下方卷，与腹板相会于腹末。卵初产时乳白色，长椭圆形，长 2.61 mm，宽 1.62 mm，膨大后，长 3.2 mm，宽 2.48 mm。3 龄幼虫体长 35～45 mm，头宽 5.6～6.1 mm。臀节腹面无刺毛列，钩状毛多，约占腹面的 2/3。肛门孔为三射裂状。蛹体长 18～25 mm，宽 8～12 mm，淡黄色或杏黄色。

生活习性及危害特点：1 年完成 1 个世代。调查表明，暗黑鳃金龟的成虫为夏季发生型，一般在 6 月上中旬开始出土活动；第二次高峰出现在 8 月上旬。主要以老熟幼虫或少数当年羽化未出土的成虫越冬。成虫有昼伏夜出的习性，飞翔力强，有趋光性。幼虫具有假死性和负趋光性。卵孵化最适土壤含水量 18%～20%。幼虫喜食刚萌发的种子、嫩根，咬食马铃薯等的块茎和块根。成虫则嗜食榆叶，取食杨树、槐树、柳树、桑树、梨树、苹果树等的叶片，也取食花生、大豆、玉米、高粱、麦类、马铃薯等大田作物的叶片。

防治方法：参照华北大黑鳃金龟。

暗黑鳃金龟

A. 成虫　B. 幼虫

4. 黑皱鳃金龟

学名： *Trematodes tenebrioides*

分类： 鞘翅目鳃金龟科

分布： 国外主要分布于蒙古国、俄罗斯；国内分布于吉林、辽宁、内蒙古、青海、宁夏、甘肃、河北、天津、北京、山西、陕西、河南、山东、江苏、安徽、江西、湖南、台湾。

寄主： 主要危害高粱、玉米、大豆、花生、麦类、棉花等作物及以藜、刺儿菜、苋菜等杂草。

形态特征： 成虫体长 15 ～ 16 mm，宽 6.0 ～ 7.5 mm，黑色无光泽，刻点粗大而密，鞘翅无纵肋。头部黑色，前胸背板横宽，前缘较直，中央具中纵线。小盾片横三角形，顶端变钝，中央具明显的光滑纵隆线。鞘翅卵圆形，具大而密且排列不规则的圆刻点。后翅退化仅留痕迹，略呈三角形。幼虫体长 24 ～ 32 mm，头部前顶刚毛。

生活习性及危害特点： 2 年完成 1 个世代，以成虫、3 龄幼虫和少数 2 龄幼虫交替越冬。越冬成虫于翌年 3 月下旬到 4 月上中旬出土。4 月下旬开始产卵，卵于 5 ～ 6 月达孵化盛期。3 龄幼虫 11 月下潜越冬。翌年 3 月上旬开始活动，6 月上旬开始化蛹，6 月下旬开始羽化，成虫白天活动。幼虫啮食幼苗地下茎和根部，使幼苗滞长、枯黄，甚至全株枯死。成虫可取食多种作物的叶片、嫩芽、嫩茎。

防治方法： 参照华北大黑鳃金龟。

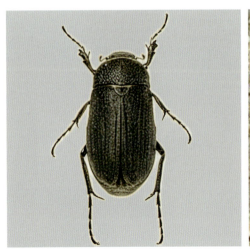 

黑皱鳃金龟成虫

5. 铜绿丽金龟

学名： *Anomala corpulenta*

分类： 鞘翅目丽金龟科

分布： 在我国除新疆、西藏外，各省份均有发生。

寄主： 禾本科植物、果树、蔬菜等。

形态特征： 成虫体长 19～21 mm，触角黄褐色，鳃叶状。前胸背板及鞘翅铜绿色，具金属光泽，上面有细密刻点。鞘翅每侧具 4 条纵脉，肩部具疣突。前足胫节具 2 外齿，前、中足大爪分叉。卵光滑，呈椭圆形，乳白色，孵化前近球形。3 龄幼虫体长 30～33 mm，头部黄褐色，肛腹片后部腹毛区正中有 2 列黄褐色长的刺毛。裸蛹长约 20 mm，椭圆形，土黄色，雄蛹末节腹面中央具 4 个乳头状突起，雌蛹平滑，无突起。

生活习性及危害特点： 在北方 1 年发生 1 代，以老熟幼虫越冬。翌年春季越冬幼虫上升到表土活动，5 月下旬至 6 月中下旬为成虫羽化期，7 月上中旬至 8 月是成虫发育期，7 月上中旬是产卵期，7 月中旬至 9 月是幼虫危害期，10 月中旬后陆续越冬。成虫有趋光性和假死性，昼伏夜出，产卵于土中。幼虫在土壤中钻蛀，破坏植物的根部。成虫活动适温 25℃以上，相对湿度 70%～80%。卵散产于寄生根际。卵孵化最适温度 25℃，相对湿度 75% 左右。3 龄幼虫食量最大，危害最烈，春、秋两季危害最严重，老熟后多在 5～10cm 土层内做室化蛹。

防治方法： 参照华北大黑鳃金龟。

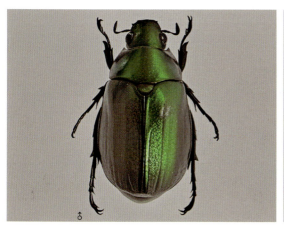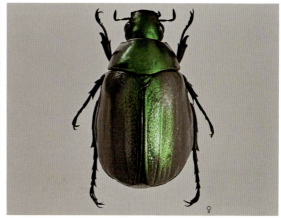

铜绿丽金龟成虫

6. 阔胸禾犀金龟

学名： *Pentodon mongolicus*

分类： 鞘翅目金龟总科

分布： 黑龙江、吉林、辽宁、河北、内蒙古、宁夏、山西、陕西、青海、甘肃、山东、河南、江苏和浙江。

寄主： 燕麦、大豆、甘薯、小麦、玉米、高粱、花生、胡萝卜、白菜、葱等。

形态特征： 成虫体长 17 ～ 25.7 mm，宽 9.5 ～ 13.9 mm。体长卵圆形，黑褐或赤褐色，腹面着色常较淡，全身油亮，头阔大，唇基长梯形，密布刻点，前缘平直，两端各有一上翘齿突，侧缘斜直，额唇基缝明显，由侧向内向后弧弯，中央有 1 对疣凸，疣凸间距约为前缘齿距的 1/3。上颚发达，端缘 3 齿。前胸背板横阔，散布圆大刻点。后缘无边框，前侧角近直角形，后侧角圆弧形。小盾片三角形。每个鞘翅有 4 条隐约可辨的纵肋纹。臀板短阔微隆，散布刻点，后胸腹板中部裸滑。足粗壮，前足胫节扁阔，外缘 3 齿。中足、后足胫节外侧有具刺斜脊 2 道，后足胫节端缘有刺 17 ～ 24 枚。

生活习性及危害特点： 幼虫危害燕麦的地下根茎。在华北地区，2 年多完成 1 代。成虫于 4 月下旬开始出现，7 ～ 8 月为盛发期，主要在夜间活动，趋光性强，雌虫数量于 5 ～ 6 月间最高，因此，5 ～ 7 月用灯光诱杀成虫效果甚佳。雌虫尤喜在保水力强、偏碱性的黏土地内产卵繁殖，所以在沿河低洼地、过水地、水浇地虫口密度大，受害最重。

防治方法： 参照华北大黑鳃金龟。

阔胸禾犀金龟成虫

7. 大云鳃金龟

学名： *Polyphylla laticollis*

分类： 鞘翅目鳃金龟科

分布： 东北、华北、西北各省份。

寄主： 主要危害玉米、小麦、高粱等多种农作物，还可危害杨树、榆树、黑松针叶等林木，以及早熟禾、黑麦草、苏丹草、羊草、狗尾草、羊茅、苜蓿、三叶草等杂草和牧草。

形态特征： 成虫全体黑褐色，鞘翅布满不规则云斑，体长 36～42 mm，宽 19～21 mm。头部有粗刻点，密生淡黄褐色及白色鳞片。唇基横长方形，前缘及侧缘向上翘起。触角 10 节，雄虫柄节 3 节，鳃片部 7 节，鳃片长而弯曲，约为前胸背板长的 1.25 倍；雌虫柄节 4 节，鳃片部 6 节，鳃片短小，长度约为前胸背板的 1/3。前胸背板宽是长的 2 倍多，表面有浅而密的不规则刻点，有 3 条散布淡黄褐色或白色鳞片群的纵带，形似 M 形纹。小盾片半椭圆形，黑色，布有白色鳞片。胸部腹面密生黄褐色长毛。前足胫节外侧雄虫有 2 齿，雌虫有 3 齿。卵椭圆形，长约 4 mm，乳白色。老熟幼虫体长 50～60 mm。头部棕褐色，背板淡黄色或棕褐色。胸足发达，腹节上有黄褐色刚毛，气门棕褐色。蛹体长 45 mm，棕黄色。

生活习性及危害特点： 3～4 年发生 1 代，以幼虫在土中越冬。当春季幼虫开始活动，6 月老熟幼虫在土深 10 cm 左右做土室化蛹，7～8 月成虫羽化。成虫有趋光性，黄昏时飞出活动。产卵多在沿河沙荒地、林间空地等腐殖质丰富的沙土地段，每个雌虫产卵数十粒。幼虫可危害燕麦的根系，成虫则危害果树、苗木等的叶片。

防治方法： 参照华北大黑鳃金龟。

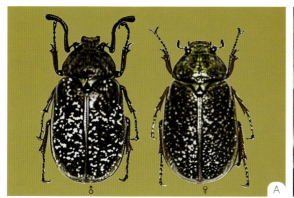

大云鳃金龟成虫

A. 成虫　B. 幼虫

8. 黄褐丽金龟

学名：*Anomala exoleta*

分类：鞘翅目丽金龟科。

分布：除新疆、西藏无报道外，分布几乎遍及全国。

寄主：幼虫危害小麦、大麦、燕麦、玉米、高粱、谷子、糜子、马铃薯、向日葵、豆类等作物以及蔬菜、林木、果树的地下部分。成虫则主要危害蔬菜、林木、果树的叶片。

形态特征：成虫体长 15 ~ 18 mm，宽 7 ~ 9 mm，体黄褐色，有光泽，前胸背板色深于鞘翅。前胸背板隆起，两侧呈弧形，后缘在小盾片前密生黄色细毛。鞘翅长卵形，密布刻点，各有 3 条暗色纵隆纹。前、中足大爪分叉，3 对足的基、转、腿节淡黄褐色，腔、跗节为黄褐色。老　幼虫体长 25 ~ 35 mm，头部前顶刚毛每侧 5 ~ 6 根，一排纵列。肛腹片后部刺毛列纵排 2 行，前段每列由 11 ~ 17 根短锥状刺毛组成，占全刺列长的 3/4，后段每列由 11 ~ 13 根长针刺毛组成，呈"八"字形向后叉开，占全刺毛列的 1/4。

生活习性及危害特点：河北、山东、辽宁 1 年发生 1 代，以幼虫越冬。在河北，成虫 5 月上旬出现，6 月下旬至 7 月上旬为成虫盛发期，成虫出土后不久即交尾产卵，幼虫期 300 d，主要在春、秋两季危害。5 月化蛹，6 月羽化为成虫。成虫昼伏夜出，傍晚活动最盛，趋光性强。成虫不取食，寿命短。主要以幼虫危害，其食性较广，取食作物根的幼嫩部分，多造成残根、断根。在华北、西北地区，幼虫于 4 ~ 6 月达危害高峰期，7 月上中旬为成虫取食秋作物叶片高峰期，7 月下旬至 8 月初大部分卵孵化为幼虫，在 20 cm 深的土层内活动。此时期为幼虫第 2 个危害高峰期。

防治方法：参照华北大黑鳃金龟。

黄褐丽金龟

A. 成虫　B. 幼虫　C. 幼虫及蛹

9. 细胸金针虫

学名：*Agriotes fuscicollis*

分类：鞘翅目叩头甲科

分布：黑龙江、吉林、内蒙古、河北、陕西、宁夏、甘肃、陕西、河南、山东等省份。

寄主：主要危害麦类、玉米等禾本科作物。

形态特征：成虫体长 8～9 mm，宽约 2.5 mm。体形细长、扁平，被黄色细茸毛。头、胸部黑褐色，鞘翅、触角和足红褐色，光亮。触角细短，第一节最粗长，第二节稍长于第三节，基端略等粗，自第四节起略呈锯齿状，各节基细端宽，彼此约等长，末节呈圆锥形。前胸背板长稍大于宽，后角尖锐，顶端稍上翘；鞘翅狭长，末端趋尖，每翅具 9 行深的封点沟。卵乳白色，近圆形。幼虫体淡黄色，光亮，1～8 腹节略等长，臂节圆锥形，近基部两侧各有 1 个褐色圆斑和 4 条褐色纵纹，顶端具 1 个圆形突起。

生活习性及危害特点：一般 2 年完成 1 代，在东北约需 3 年完成 1 代。黑龙江 5 月下旬，在土深 10 cm 处，土温达 7.8～12.9℃ 时开始危害，7 月上中旬土温升达 17℃ 时逐渐停止危害。在黑龙江克山地区，卵历期为 8～21 d。幼虫喜湿度偏高的土壤，耐低温能力强。在河北 4 月平均气温 0℃ 时，即开始上升到表土层危害。成虫嗜食麦叶和刚腐烂的禾本科杂草，而且对稍萎蔫的杂草有极强的趋性，具有负趋光性和假死性。主要危害燕麦的幼芽及种子，也可危害出土的幼苗，被害部位不完全被咬断、断口不整齐。

防治方法：

（1）农业防治。①精耕细作。将虫体翻出土表让鸟类捕食，夏季翻耕暴晒，冬季耕后冷冻，也能消灭部分虫蛹。②避免施用未成熟的粪肥，及时中耕除草。③与水田轮作，或在金针虫活动盛期常灌水，可抑制危害。

（2）生物防治。①配置菌土。每亩地用 2 kg 白僵菌拌潮湿细土 50 kg 配置成菌土，均匀撒施于田内。②药剂喷雾。用 1% 苦参碱可溶性液剂 1 000～1 500 倍液均匀喷雾。

（3）理化诱控。①采用灯光诱杀。②杂草诱杀。利用杂草堆成宽 40～50 cm、高 10～16 cm 的草堆，在草堆内撒入触杀类药剂，可以毒杀成虫。

（4）化学防治。①拌种。春秋两季成虫活动最盛时，用 50% 敌·辛乳油 500g 拌细土 25～30 kg 撒于土壤表面或锄入土壤表层。播种时，用 5% 辛硫磷颗粒剂 1～5 g，拌细土 30～150 g，翻入土中，可有效毒杀幼虫。②撒施药剂。幼苗出土后如发现金针虫危害，可用上述药物逐行撒施并锄入植株附近表土内，也能取得一定效果。

细胸金针虫

A. 田间危害状　B. 幼虫及圆锥形尾部　C. 成虫

10. 沟金针虫

学名： *Pleonomus canaliculatus*

分类： 鞘翅目叩头甲科

分布： 辽宁、河北、内蒙古、山西、河南、山东、江苏、安徽、湖北、陕西、甘肃、青海等省份。

寄主： 禾谷类、薯类、豆类、甜菜、棉花、蔬菜和林木幼苗等。

形态特征： 成虫雌雄异型，雌虫体长 20～27 mm，宽 4～5 mm。触角锯齿状，11 节，长约为前胸的 2 倍。雄虫体长 19～22 mm，宽约 3 mm，触角丝状，12 节。卵乳白色，椭圆形，长约 0.7 mm，宽约 0.6 mm。老熟幼虫体长 20～30 mm，宽约 4 mm，头前端暗褐色。尾节黄褐色，每侧外缘各有 3 个角状突起，末端分两叉，叉内各有一小齿。雌蛹长 16～22 mm，宽约 4.5 mm。雄蛹长 15～19 mm，宽约 3.5 mm，初呈淡绿色，后渐变深。

生活习性及危害特点： 沟金针虫 2～3 年发生一代，以成虫、幼虫在地下 20～80 cm 处越冬。成虫羽化后当年不出土，在土里越冬，第二年开始危害。3～6 月为产卵期，每头雌虫产卵 100 余粒。雄虫交配后 3～5 d，雌虫产卵后会相继死去。卵期 5～6 周，幼虫 10～11 龄，幼虫期为 100 多天，成虫寿命 220 多天。雌虫无飞翔能力，有假死性，雄虫飞翔力强，有趋光性。幼虫咬食种子、幼苗、根，也可钻入根状茎内，使幼苗枯萎，造成缺苗断垄。

防治方法： 参照细胸金针虫。

沟金针虫

A. 幼虫 B. 雄成虫 C. 雌成虫

11. 华北蝼蛄

学名： *Gryllotalpa unispina*

分类： 直翅目蝼蛄科

分布： 主要分布于北纬 32° 以北地区。

寄主： 危害禾谷类作物、禾本科杂草、烟草、甘薯、果树、蔬菜等刚播下的种子和幼苗。

形态特征： 成虫体黄褐色，头暗

华北蝼蛄成虫

褐色，卵形，前足开掘式，发达，中、后足小，后足胫节背侧内缘有棘 1 ～ 2 个或无。雌成虫体长 45 ～ 66 mm，雄成虫 39 ～ 45 mm。卵椭圆形，初产时黄白色，后变黄褐色，孵化前呈深灰色。若虫共 12 龄，形似成虫，体较小，初孵时体乳白色，2 龄以后变为黄褐色，5 龄若虫体色、体形与成虫基本同色。

生活习性及危害特点： 完成 1 代需 1 131 d。3 ～ 4 月，黄淮海地区土壤深度 20 cm 处温度达 8℃时，华北蝼蛄即开始活动，交配后在土深 15 ～ 30 cm 处做土室，每雌平均产卵 288 ～ 368 粒，雌虫守护若虫到 3 龄。成虫夜间活动，有趋光性。华北、黄淮地区多以 8 龄以上若虫或成虫越冬，翌年春天成虫开始活动。成虫、若虫均在土中活动，取食播下的种子或将幼苗咬断致死，受害的根部呈乱麻状。由于蝼蛄的活动将表土层窜成许多隧道，使苗根脱离土壤，致使幼苗因失水而枯死，严重时造成缺苗断垄。

防治方法： 当田间蝼蛄每平方米高于 0.5 头时，为严重发生，应该进行防治。

（1）农业防治。精耕细作、深耕、实行水旱轮作；施用充分腐熟的有机肥。

（2）诱杀和捕杀。①灯光诱杀。在蝼蛄羽化期间，19:00 ～ 22:00 可利用黑光灯诱集捕杀成虫。②毒饵诱杀。因其对香甜物质具有趋性，可将玉米面、谷子、豆饼、麦麸等炒至半熟，按比例与农药搅拌均匀，做成毒饵，于晴天傍晚撒在作物行间、苗根附近，或隔一定距离撒一堆；一般每公顷需用毒饵 75kg 左右；可采用 90% 敌百虫晶体 30 倍液或 50% 乐果乳油 30 倍液拌匀，药量为饵料的 0.5% ～ 1.0%，加适量水拌潮即可。③人工捕杀。在作物行间每隔 20m 挖一小坑，将厩肥、马粪或带水的鲜草放入坑内诱集，翌日清晨可到坑内集中捕杀；在蝼蛄发生危害期间，根据其活动产生的新鲜隧道，进行人工捕杀。

（3）保护利用天敌。鸟类是蝼蛄的重要天敌，注意保护利用，控制蝼蛄危害。

12. 东方蝼蛄

学名：_Gryllotalpa orientalis_

分类：直翅目蝼蛄科

分布：主要分布于黄河流域以及华中地区、长江流域。

寄主：主要危害禾谷类作物、禾本科杂草、烟草、甘薯、果树、蔬菜等。

形态特征：雄成虫体长 30 mm，雌成虫体长 33 mm。成虫前足为开掘足，腿节内侧外缘较直，缺刻不明显，后足胫节脊侧内缘有 3 ～ 4 根刺，此点是区别于东方蝼蛄的主要特征，腹末具一对尾须。卵椭圆形，长约 2.8 mm，初产时黄白色，有光泽，渐变黄褐色，最后变为暗紫色。若虫初孵时乳白色，老熟时体色接近成虫，体长 24 ～ 28 mm。

生活习性及危害特点：冬季当气温下降，蝼蛄开始向地下活动，以成、若虫越冬，第二年当气温升高到 8℃ 以上时再掉转头向地表移动。春季 4 月下旬至 5 月上旬，越冬蝼蛄开始活动。在到达地表后先隆起虚土堆。5 月上旬开始出窝危害。5 月中下旬经过越冬的成、若虫开始大量取食，造成缺苗断垄。6 月下旬至 8 月上旬土中越夏并产卵。8 月下旬至 9 月下旬，越夏成、若虫又上升到地面活动并取食补充营养，这是一年中第二次危害高峰期。东方蝼蛄的活动受土壤温度、湿度的影响很大，土温 12.5 ～ 19.9℃ 是非洲蝼蛄活动的适宜温度，也是蝼蛄危害期。

防治方法：参照华北蝼蛄防治。

东方蝼蛄成虫

东方蝼蛄（左）及华北蝼蛄（右）后足胫节

13. 小地老虎

学名：*Agrotis ypsilon*

分类：鳞翅目夜蛾科

分布：全国各地均有分布，在河滩地、水浇地发生严重。

寄主：危害小麦、燕麦、大麦、玉米、高粱等禾谷类作物以及蔬菜、果树等。

形态特征：成虫体长 17 ～ 23 mm，翅展 40 ～ 54 mm。前翅褐色，前缘区黑褐色，外缘以内多暗褐色，后翅灰白色，纵脉及外缘褐色，腹部背面灰色。卵初产时为乳白色，后渐变为黄色，孵化前卵顶上呈黑点。幼虫体长 37 ～ 47 mm，黄褐色至暗褐色，背面有明显的淡色纵带，上布满黑色圆形小颗粒，腹部各节背面前方有 4 个毛片；臀板黄褐色，有 2 条明显的深褐色纵带。蛹赤褐色，末端有 2 个臀棘。

生活习性及危害特点：年发生代数因各地气候不同而异，一般黄河流域以北 1 年发生 3 代，黄河流域 1 年发生 4 代，长江流域 1 年发生 4 ～ 5 代，华南地区 1 年发生 5 ～ 6 代。幼虫共 6 龄，5 ～ 6 龄食量最大，夜间把幼苗咬断。小地老虎昼伏夜出，成虫有很强趋光性和趋化性，对黑光灯敏感。小地老虎主要以幼虫危害幼苗，轻则缺苗断垄，重则毁种重播。

防治方法：

（1）农业措施。清洁田园，铲除田间及周边的杂草；实行秋耕冬灌、春耕耙地、结合整地人工铲埂等，可杀灭虫卵、幼虫和蛹。

（2）诱杀成虫。①在春季成虫盛发期用黑光灯（汞灯）诱杀成虫，同时用糖醋液诱杀成虫，糖醋液配方：糖 6 份、醋 3 份、白酒 1 份、水 10 份、化学农药 1 份调匀。②在成虫发生期设置诱蛾器，具有较好的诱杀效果。③在鲜草或某些发酵变酸的食物中加入适量药剂，用其也可诱杀成虫。④种植芝麻诱集成虫产卵，集中销毁。

（3）生物防治。①可选用颗粒体病毒、绿僵菌、苏云金杆菌制剂及苦参碱和印楝素等生物农药，效果也很好。②保护好鸦雀、蟾蜍、鼬鼠、步行虫、寄生蝇、寄生蜂等天敌，控制地老虎的危害。

（4）化学防治。亩用 20% 氯虫苯甲酰胺悬浮剂 10 mL，兑水 30 kg 均匀喷雾。或亩用 15% 茚虫威悬浮剂 9 ～ 13 mL 兑水喷雾，也可用 5% 高效氯氰菊酯乳油 3 000 倍液喷雾。在虫龄较大、危害严重的燕麦田，可用 50% 辛硫磷乳油 800 ～ 1 000 倍液灌根。

小地老虎

A．幼虫田间危害状　B.成虫　C.蛹

14. 黄地老虎

学名： *Agrotis segetum*

分类： 鳞翅目夜蛾科

分布： 主要分布于华北、新疆、内蒙古部分地区，甘肃河西以及青海西部地区。

寄主： 多食性害虫，除危害禾谷类作物外，还危害多种牧草及草坪草。

形态特征： 成虫体黄褐色，体长 15 ~ 18 mm；翅展 32 ~ 43 mm，前翅基线，内、外横线及中线多不明显，肾状纹、环状纹、棒状纹则很明显。卵扁圆形，长 0.44 ~ 0.49 mm，宽 0.69 ~ 0.73 mm。卵顶部较隆起，底部较平，初产时乳白色，后变为黄褐色。幼虫体长 35 ~ 45 mm，宽 5 ~ 6 mm，黄色，腹部末节硬皮板中央有黄色纵纹，两侧各有 1 块黄褐色大斑。蛹褐色，末端有臀棘。

生活习性及危害特点： 与小地老虎相似。在华北地区，1 年发生 2 ~ 3 代，以蛹和老熟幼虫在深约 10 cm 土壤处越冬。成虫有趋光性，对糖醋液有很强的趋性。4 龄以上幼虫在近地面处将幼茎咬断。6 龄幼虫食量剧增，一般一晚可危害 1 ~ 3 株幼苗，多者可达 4 ~ 5 株，茎秆硬化后，仍可在近地面处将茎秆啃食成环状，导致植株萎蔫而死。黄地老虎主要在干旱地区危害，但过分干旱的地块发生也较少。以第一代幼虫危害春播作物的幼苗，常切断幼苗近地面的茎部，使整株死亡，造成缺苗断垄，甚至毁种。

防治方法： 参照小地老虎。

黄地老虎

A. 成虫　B. 幼虫

15. 警纹地老虎

学名： *Agrotis exclamationis*

分类： 鳞翅目夜蛾科

分布： 主要分布于内蒙古、甘肃、宁夏、新疆、西藏、青海等省份。

寄主： 主要危害禾本科作物、油菜、萝卜、马铃薯、大葱、甜菜、苜蓿、胡麻等。

形态特征： 成虫体长 16 ～ 18 mm，翅展 36 ～ 38 mm，体灰色，头部、胸部灰色微褐，颈板灰褐色，具黑纹 1 条。雌成虫触角线状，雄成虫双栉状，分枝短。成虫前翅灰色至灰褐色，环形斑、棒形斑十分明显，尤其是棒形斑粗且长。老熟幼虫体长 30 ～ 40 mm，两端稍尖，头部黄褐色，无网纹，体灰黄色，胸足黄褐色，腹足灰黄色，气门黑色椭圆形。蛹长 16 ～ 18 mm，褐色，下颚、中足、触角伸达翅端附近，露出后足端部。气门突出，第 5 腹节前缘红褐色区具很多大小不一的圆点刻，点刻后方不闭合，腹端具 2 根臀棘。

生活习性及危害特点： 1 年发生 2 代，第一代成虫 7 ～ 9 月出现，10 月上中旬第二代幼虫老熟后入土中越冬。成虫有趋光性。警纹地老虎常与黄地老虎混合发生，一般较小地老虎耐干燥，在干旱少雨地区发生危害重。

防治方法： 参照小地老虎。

警纹地老虎

A. 成虫　B. 幼虫

16. 白边地老虎

学名： *Euxoa oberthuri*

分类： 鳞翅目夜蛾科

分布： 黑龙江、内蒙古、吉林、新疆等省份。

寄主： 主要危害燕麦、小麦、玉米、高粱等禾本科作物和大豆、烟草、甜菜等经济作物，还危害十字花科等多种蔬菜。

形态特征： 成虫体长 17 ～ 21 mm，翅展 37 ～ 47 mm，触角纤毛状。前翅的颜色和斑纹变化很大，由灰褐色至红褐色，分为两种基本色型：白边型和暗化型，即前翅全为深暗色，既无白边淡斑，也无黑色斑纹。两型后翅均为褐色，翅反面均为灰褐色，前缘密布黑褐色鳞片，外缘有 2 条褐色线，中室有黑褐色斑点。卵初产时乳白色，2 ～ 3 d 后卵壳上显出褐色斑纹，7 ～ 8 d 后变为灰褐色。老熟幼虫体长 35 ～ 40 mm，头宽 2.5 ～ 3 mm。头部黄褐色，有明显的"八"字纹，颅侧区有很多褐色小块斑纹及一块由小黑点组成的黑斑。体黄褐色至灰褐色，表面较光滑，无颗粒。臀板基部及刚毛附近颜色较深，小黑点多集中于基部，排成 2 条弧线。蛹体长 18 ～ 20 mm，黄褐色，第三至第七腹节前缘有许多小刻点和 1 对臀棘。

生活习性及危害特点： 1 年发生 1 代，以卵在表土越冬。翌年 4 月中下旬幼虫孵化，早春取食藜、苣荬菜等杂草。幼虫 3 龄后入土，白天潜伏于表土下，黄昏后活动取食危害。6 月中下旬，老熟幼虫潜入 6 ～ 10 cm 深的湿润土壤中做土室化蛹。7 月成虫羽化，成虫昼伏夜出，白天多栖息于田间作物中下部叶背及杂草丛中，成虫对黑光灯趋性很强，但对糖酒醋的趋性弱，寿命约 10 d。幼虫危害作物的幼苗，切断幼苗近地面的茎部，使整株幼苗死亡，造成缺苗断垄，严重时造成毁种重播。

防治方法： 参照小地老虎。

白边地老虎成虫（白边型）

17. 大地老虎

学名： *Agrotis tokionis*

分类： 鳞翅目夜蛾科

分布： 北起黑龙江、内蒙古，南至福建、江西、湖南、广西、云南。

寄主： 禾本科作物、烟草、棉花、蔬菜、果树等。

形态特征： 成虫体长 20 ～ 22 mm，翅展 45 ～ 48 mm，头、胸部褐色。腹部、前翅灰褐色，外横线以内前缘区、中室暗褐色，基线双线褐色达亚中褶处，内横线波浪形，双线黑色，剑纹黑边窄小，环纹褐色具黑边，肾纹大，褐色具黑边，外侧具 1 条黑斑近达外横线，中横线褐色，外横线锯齿状，双线褐色，亚缘线锯齿状，浅褐色，端线呈一列黑色点，后翅浅黄褐色。卵半球形，直径约 1.8 mm，初为淡黄色，后渐变为黄褐色，孵化前呈灰褐色。老熟幼虫体长 41 ～ 61 mm，黄褐色，头部褐色，气门长卵形黑色，臀板除末端 2 根刚毛附近为黄褐色外，几乎全为深褐色。蛹长 23 ～ 29 mm，初为浅黄色，后变为黄褐色。

生活习性及危害特点： 1 年发生 1 代。成虫于晚上交配产卵，产于地表土的卵占总产卵量的 44.9%，产于地表枯枝落叶上的占 20.4%，产于杂草等植物上的占 34.7%，叶的正反面均可产卵。在 13.3 ～ 17.8℃的气温条件下，卵期 14 ～ 26 d，平均 19.1 d。幼虫将幼苗近地面的茎部咬断，使整株死亡，造成缺苗断垄，严重的甚至毁种。初孵幼虫一般从第二天开始啃食叶肉，形成许多小透明窗，以后随虫龄逐渐增大，将叶片咬成缺刻或咬断幼茎。

防治方法： 参照小地老虎。

大地老虎

A. 成虫　B. 幼虫

18. 网目拟地甲

学名： *Opatrum subaratum*

分类： 鞘翅目拟步甲科

分布： 主要分布于东北、华北、西北等地区。

寄主： 主要危害小麦、大麦、燕麦、蔬菜、豆类、花生等作物。

形态特征： 雌成虫体长 7.2 ～ 8.6 mm，宽 3.8 ～ 4.6 mm；雄成虫体长 6.4 ～ 8.7 mm，宽 3.3 ～ 4.8 mm。成虫羽化初期乳白色，逐渐加深，最后全体呈黑色略带褐色，一般鞘翅上都附有泥土，因此外观呈灰色。体椭圆形，头部较扁，背面似铲状，黑色复眼在头部下方。触角棍棒状，11 节，第 1、3 节较长，其余各节呈球形。前胸发达，前缘呈半月形，其上密生点刻，如细沙状。鞘翅近长方形，其前缘向下弯曲将腹部包住，故有翅不能飞翔，鞘翅上有 7 条隆起的纵线，每条纵线两侧有突起 5 ～ 8 个，形成网格状。卵椭圆形，乳白色，表面光滑，长 1.2 ～ 1.5 mm，宽 0.7 ～ 0.9 mm。初孵幼虫乳白色，老熟幼虫体长 15 ～ 18mm，体细长，与金针虫相似，深灰黄色，背板色深，足 3 对，前足发达，腹部末节小，背板前部稍突起成一横沟，前部有褐色钩形纹 1 对，末端中央有隆起的褐色部分，边缘共有刚毛 12 根。裸蛹长 6.8 ～ 8.7 mm，乳白色略带灰白色，羽化前深黄褐色，腹部末端有 2 钩刺。

生活习性及危害特点： 在东北、华北地区 1 年发生 1 代，以成虫在土中、土缝、洞穴和枯枝落叶下越冬。翌年 3 月下旬杂草发芽时，成虫大量出土，3 ～ 4 月活动期间交配，交配后 1 ～ 2 d 产卵，卵产于深 1 ～ 4 cm 的表土中，幼虫孵化后即在表土层危害幼苗，幼虫 6 ～ 7 龄，历期 25 ～ 40 d，具假死习性。6 ～ 7 月幼虫老熟后，在土深 5 ～ 8 cm 处做土室化蛹，蛹期 7 ～ 11 d。成虫羽化后多在作物和杂草根部越夏，秋季向外转移，危害秋苗。成虫只能爬行，假死性强，喜干燥，一般发生在旱地或黏性较大的土壤中。成虫寿命较长，最长的能跨越 4 个年度，连续 3 年均可产卵。成虫和幼虫均可危害幼苗，取食嫩茎、嫩根，影响出苗，造成幼苗枯萎，以致死亡。

防治方法：

(1) 农业防治。提早播种或定植，错开网目拟地甲发生期。

(2) 药剂防治。亩用 20% 高氯·马乳油 50 ～ 70 mL 喷洒或灌根处理。

(3) 土壤处理。危害严重的地区，播种前亩用 5% 辛硫磷颗粒剂 2 ～ 4 kg，混细干土 50 kg，均匀地撒在地表，深耙 20 cm，也可撒在栽植沟内，可有效地兼治其他地下害虫。

网目拟地甲

A、B. 成虫　C. 田间危害状

19. 根土蝽

学名： *Stibaropus formosanus*

分类： 半翅目土蝽科

分布： 主要分布于华北、东北、西北及台湾。

寄主： 主要危害小麦、燕麦、大麦、玉米、谷子、高粱及禾本科杂草，也可危害大豆、烟草等经济作物。

形态特征： 成虫体长约 5 mm，近椭圆形，橘红至深红色，有光泽；前胸宽阔，小盾片为三角形，前翅基半部革质，半部膜质，后翅膜质；前足腿节短，中足腿节较粗壮，后足腿节粗壮。卵椭圆形，长 1.2 mm 左右，淡青色至乳白色或暗白色。末龄若虫体长与成虫相近，头部、胸部、翅芽黄色至橙黄色，腹背具 3 条黄线，腹部白色。

生活习性及危害特点： 一般 1 ～ 2 年发生 1 代，而在东北地区的辽阳、朝阳、鞍山、锦州、葫芦岛，河北承德，内蒙古赤峰等地区，2 ～ 2.5 年发生 1 代。以成虫或若虫在土中 30 ～ 60 cm 深处越冬。翌年越冬代成虫到耕作层危害、交尾、产卵；若虫 6 月末至 7 月中下旬危害燕麦、高粱、玉米等作物根部。若虫越冬后至翌年 6 ～ 7 月，老熟若虫羽化。若虫期和成虫期多在 1 年以上，个别寒旱地区可达 2 年，世代重叠。以成、若虫刺吸植物根部危害，出现黄叶、枯秆、炸芒、早死等被害状。苗期出现株矮、苗青及青枯不结穗。

防治方法：

（1）农业防治。实行秋耕冬灌，改旱地为水浇地，与非禾本科作物轮作。结合田间管理，及时中耕除草，铲除田间禾本科杂草，能有效降低田间虫口密度。

（2）种子处理。选用 50% 辛硫磷乳油 10 mL、70% 噻虫嗪可分散粒剂 10 ～ 20 g 等任一种，加水 500 mL，拌种 10 kg。

（3）土壤处理。上一年发生严重地块，播前造墒或播后浇蒙头水时用 48% 毒死蜱乳油 1 kg 随水灌入；或每亩用 5% 毒死蜱颗粒剂 3 kg，加细土 25 kg，拌匀后施于播种沟内。

（4）药剂灌根。用 48% 毒死蜱乳油 1 000 倍液灌根，每株施 300 ～ 500 mL 药液。

根土蝽

A. 成虫和幼虫　　B、C. 成虫

20. 麦穗夜蛾

学名：*Apamea sordens*

分类：鳞翅目夜蛾科

分布：主要分布于内蒙古、甘肃、青海等省份。

寄主：主要危害小麦、大麦、燕麦、青稞、冰草、马莲草等植物。

形态特征：成虫体长约 16 mm，翅展约 42 mm，全体灰褐色；前翅有明显黑色基剑纹，在中脉下方呈飞燕形，环状纹、肾状纹银灰色，具黑边；基线淡灰色双线，亚基线、端线浅灰色双线，锯齿状；亚端线波浪形浅灰色；前翅外缘具 7 个黑点，缘毛密生；后翅浅黄褐色。卵圆球形，直径 0.61 ～ 0.68 mm，卵面有花纹。末龄幼虫体长 33 mm 左右，头部具浅褐黄色呈"八"字纹；颅侧区具浅褐色网状纹；虫体灰黄色，背面灰褐色，腹面灰白色。蛹长 18 ～ 21.5 mm，黄褐色或棕褐色。

生活习性及危害特点：在河西走廊 1 年发生 1 代，以老熟幼虫在田间或地埂表土下及芨芨草墩下越冬。翌年 4 月越冬幼虫出蛰活动，4 月底至 5 月中旬大部分幼虫结茧在土表 3 ～ 5 cm 处化蛹。6 ～ 7 月成虫羽化，6 月中旬至 7 月上旬进入羽化盛期，卵多产于燕麦第一小穗颖内侧、小穗柄或子房上，一般呈块状。幼虫共 7 龄，历期 8 ～ 9 个月（包括越冬期）。9 月中旬为幼虫越冬始期，10 月上旬除少数尚未老熟的幼虫继续取食外，其余均开始越冬。初孵幼虫在麦穗的花器及子房内危害，2 龄后在籽粒内取食，4 龄后将旗叶吐丝缀连卷成筒状，潜伏其中，日落后出来危害麦粒，仅残留种胚，致使燕麦不能正常生长和结实。

防治方法：

（1）理化诱控。利用杀虫灯、性诱剂、糖醋液等诱杀。

（2）农业防治。深耕翻土，轮作倒茬，设置诱集带。

（3）化学防治。幼虫 3 龄前，当每百株燕麦达到 15 ～ 25 头，可选用 5% 伏虫隆乳油 4 000 倍液、2.5% 溴氰菊酯乳油 2 000 ～ 3 000 倍液、4% 高氯·甲维盐乳油 1 000 ～ 1 500 倍液，或亩用 20% 氯虫苯甲酰胺悬浮剂 10 mL 喷雾。燕麦收割时要注意杀灭麦捆底下的幼虫，可在原麦堆底部喷 20% 氰戊菊酯乳油 2 000 ～ 4 000 倍液防治。注意交替用药。

麦穗夜蛾

A、B. 成虫　C. 幼虫

21. 黏虫

学名：*Mythimna separata*

分类：鳞翅目夜蛾科

分布：我国只有新疆未见报道，其他地区均有分布。

寄主：麦类、水稻、玉米等禾谷类作物，及棉花、豆类、蔬菜等16科100多种植物。

形态特征：成虫体长15～17 mm，翅展36～40 mm；头部与胸部灰褐色，腹部暗褐色；前翅灰黄褐色、黄色或橙色，变化很多；内横线往往只现几个黑点，环纹与肾纹褐黄色，界限不显著，肾纹后端有1个白点，其两侧各有1个黑点；外横线为1列黑点；后翅暗褐色，向基部色渐淡。卵半球形，初产白色渐变黄色，有光泽，卵粒单层排列成行、成块。老熟幼虫体长38 mm，头红褐色，头盖有网纹，额扁，两侧有褐色粗纵纹，略呈"八"字形，外侧有褐色网纹；在大发生时背面常呈黑色，背中线白色，亚背线与气门上线之间稍带蓝色；腹足外侧有黑褐色宽纵带，足的先端有半环式黑褐色趾钩。蛹长约19 mm，腹部第5～7节背面前缘各有1列齿状点刻；臀棘4根，中央2根粗大，两侧的细短略弯。

生活习性及危害特点：我国黏虫的发生世代数有从南向北或从低海拔到高海拔逐渐递减的趋势，而发生危害时期则有从南向北或从低海拔到高海拔逐步推迟的趋势。其中，黑龙江、吉林、辽宁、内蒙古、河北、山西、北京和山东等地区，1年发生2～4代。黏虫属迁飞性害虫，在北纬33°以北地区任何虫态均不能越冬。北方春季出现的大量成虫系由南方迁飞所致。成虫昼伏夜出，傍晚开始活动、觅食。头部有明显的网状纹和"凸"字形纹。夜间交尾产卵，黎明时寻找隐蔽场所。成虫对糖醋液趋性强，产卵趋向黄枯叶片。在麦田喜把卵产在麦株基部枯黄叶片叶尖的折缝里。1、2龄幼虫多在麦株基部叶背或分蘖叶背光处危害，3龄后食量大增，5、6龄进入暴食阶段，食光叶片或把穗头咬断。食料不足时，常成群迁移到附近地块继续危害，老熟幼虫入土化蛹。幼虫食叶，大发生时可将作物叶片全部食光，造成严重损失。因其群聚性、迁飞性、杂食性、暴食性，成为全国性重要农业害虫。

防治方法：

（1）预测预报。黏虫是世界性爆发性害虫，历史上曾造成严重危害，通过预测预报的方法，对黏虫进行监测，无疑是最为有效的害虫防控策略，具体技术参照 GB/T 15798—2009。

（2）农业防治。因地制宜选用抗虫品种。加强田间管理。合理密植，科学灌溉施肥，控制田间小气候，降低卵孵化率和幼虫存活率。

（3）生物防治。20%灭幼脲1号悬浮剂500～1 000倍液、25%灭幼脲3号悬浮剂500～1 000倍液或0.65%茼蒿素水剂500倍液于幼虫3龄前喷雾防治。

（4）理化诱控。①灯光诱杀。在麦田设置黑光灯或频振式杀虫灯诱杀成虫。②糖酒醋液诱杀。糖6份、酒1份、醋2～3份、水10份，加适量化学农药制作成糖酒醋液放于盒内，每公顷2～3盒，白天将盒盖好，傍晚开盖，每天早晨取出死蛾。③用谷草把或稻草把插在麦田诱蛾产卵。每亩地插10把，草把顶高出麦株15 cm左右，约5 d换一把，将有卵的草把销毁。④杨树枝把诱杀。将杨树枝插放到麦田里诱集成虫，集中捕杀。

（5）药剂防治。可选用5%氟啶脲乳油4 000倍液、5%伏虫隆乳油4 000倍液、2.5%溴氰菊酯乳油2 000～3 000倍液、20%氰戊菊酯乳油2 000～4 000倍液、4%高氯·甲维盐乳油1 000～1 500倍液，或亩用20%氯虫苯甲酰胺悬浮剂10 mL喷雾，要在幼虫低龄阶段施药，可迅速控制黏虫危害。

黏虫

A. 成虫　B. 幼虫　C. 田间危害状

22. 秀夜蛾

学名：*Amphipoea fucosa*

分类：鳞翅目夜蛾科

分布：主要分布于东北、华北、西北、西藏高原、长江中下游及华东麦区。

寄主：小麦、大麦、燕麦、黍、糜等禾本科作物及野燕麦等植物。

形态特征：成虫体长 13～16 mm，翅展 30～36 mm，头部、胸部黄褐色，腹背灰黄色，腹面黄褐色，前翅锈黄色至灰黑色，基线色浅，内线、外线各 2 条，中线 1 条，共 5 条明显的褐色线。环纹、肾纹白色至锈黄色，上生褐色细纹，边缘暗褐色，亚端线色浅，外缘褐色，缘毛黄褐色。后翅灰褐色，缘毛、翅反面灰黄色。卵半圆形，初为白色，后变为褐色。末龄幼虫体长 30～35 mm，灰白色，头黄色，四周具黑褐色边，从中间至后缘生黑褐色斑 4 个，从前胸后缘至腹部第 9 节的背中线两侧各具红褐色宽带 1 条。

生活习性及危害特点：北方春麦区 1 年发生 1 代，以卵越冬，翌年 5 月上中旬孵化，5 月下旬至 6 月上旬进入孵化盛期，5 月上中旬幼虫开始危害小麦幼苗，5 月下旬至 6 月下旬，小麦分蘖至拔节期进入幼虫危害盛期。老熟幼虫于 6 月下旬化蛹，7 月上、中旬成虫出现，8 月上、中旬进入发蛾高峰，7 月中旬麦田可见卵块，7 月下旬至 8 月中旬进入产卵盛期。成虫白天隐藏在地边、渠边草丛下或田内作物下或土缝中，傍晚飞出取食、交尾、产卵。幼虫蛀茎，危害状与地下害虫相似。幼虫喜在水浇地、下湿滩地及黏壤土地块危害，3 龄前钻茎危害，4 龄后从麦秆的地下部咬烂入土，栖息在薄茧内继续危害附近麦株，致麦株呈现枯心或全株死亡，造成缺苗断垄。

防治方法：

（1）农业防治。①合理轮作。避免连作，与非禾本科作物轮作。②深翻土地。在封冰前深翻土地，除茬灭卵，集中销毁，可减少虫源。③灌溉管理。三叶期浇水，这时正值初孵幼虫危害盛期，浇水后可减轻危害。

（2）物理防治。成虫盛发期，设置黑光灯诱杀成虫。

（3）药剂防治。①种子处理。每 100kg 种子用 60% 吡虫啉种衣剂 200mL，兑水 1.2~1.5L 均匀包衣，12h 后即可播种。②药剂喷雾。燕麦幼苗期开始田间调查，发现有初龄幼虫为害时，可亩用 2.5% 高效氰菊酯乳油 40~60g 或 22% 噻虫·高氯氟微囊悬浮剂 10~15g 等。

秀夜蛾

A、B. 成虫　C. 幼虫

23. 麦叶蜂

危害燕麦的麦叶蜂包括小麦叶蜂（*Dolerus tritici*）和大麦叶蜂（*Dolerus hordei*）

分类：膜翅目叶蜂科

分布：分布于长江以北麦区，主要分布在华北、华东、东北、甘肃、安徽、江苏等地区。

寄主：主要危害小麦、大麦、燕麦以及看麦娘等禾本科杂草。

形态特征：小麦叶蜂雌成虫体长 8.6 ～ 9.8 mm，雄成虫体长 8.0 ～ 8.8 mm。虫体大部分为黑色，仅前胸背板、中胸前盾板和颈板为赤褐色，后胸背板两侧各有 1 块白斑。头部黑色，粗糙有网状纹及刻点；复眼突出，触角线状 9 节，第 3 节最长，以后各节渐短，雄虫触角稍短，约与腹部等长。卵微呈肾形，淡绿色，表面光滑，长约 1.5 mm，宽约 0.5 mm。老熟幼虫体长约 20 mm，头部褐黄色，有网状花纹及黄褐色小斑点，体多皱褶。蛹长约 9 mm，裸蛹，初化蛹时淡黄绿色，羽化前变成黑色，头、胸部粗大，顶端圆，腹部细小，末端分叉大麦叶蜂各虫态基本与小麦叶蜂相似，差别是成虫中胸盾板为黑色，后缘赤褐色，盾板两侧赤褐色。

生活习性及危害特点：在北方，麦叶蜂 1 年发生 1 代，以蛹在土中 20 cm 左右处结茧越冬。翌年 3 ～ 4 月成虫羽化，交尾后用产卵器沿叶背主脉处锯一裂缝，边锯边产卵，卵粒成串，卵期 10 d 左右。4 月中旬是幼虫危害最盛期。幼虫共 5 龄，1 ～ 2 龄幼虫日夜在麦叶上取食，3 龄后畏强光，白天隐蔽在麦株下部或土块下，夜晚出来危害，进入 4 龄后，食量剧增。幼虫有假死性，遇振动即落地。麦叶蜂以幼虫咬食麦叶，从叶的边缘向内咬食成缺刻，或全部吃光仅留主脉。严重发生年份，麦株可被吃成光秆，仅剩麦穗，使麦粒灌浆不足，影响产量。

防治方法：

（1）农业防治。播种前深耕，可把土中休眠的幼虫翻出，使其暴露于地表，不能正常化蛹，或被鸟类等天敌捕食，以致死亡；有条件的地区可以实行水旱轮作，利用麦叶蜂幼虫假死性，傍晚时进行捕杀。

（2）药剂防治。幼虫 3 龄前防治效果较好，当一类麦田达每平方米 25 头、二类麦田达每平方米 10 头时应立即防治，每亩可喷洒 5% 氯氰菊酯乳油 37.5 mL 或 1.8% 阿维菌素乳油 15 mL，防治时间选择在上午 10：00 前或傍晚。

麦叶蜂

A. 成虫　B. 老熟幼虫　C、D. 田间危害状

24. 草地螟

学名： *Loxostege sticticalis*

分类： 鳞翅目螟蛾科

分布： 主要分布区在东北、西北和华北地区，发生范围在北纬38°～43°，东经108°～118°的高海拔地区。

寄主： 草地螟可取食35科200余种植物，主要包括甜菜、大豆、向日葵、亚麻、燕麦、荞麦、高粱、玉米、豌豆、扁豆、瓜类、甘蓝、马铃薯、茴香、胡萝卜、葱、洋葱等。

形态特征： 成虫为暗褐色的中型蛾，体长10～12 mm，翅展18～20 mm。前翅灰褐色，后翅灰色，沿外缘有两条平行的波状纹。卵椭圆形，表面具放射状花纹，并具有光泽，初产淡绿色，逐步变为褐色至黑色，卵壳为白色，卵块表面有时覆盖白色绒毛。末龄幼虫头宽1.25～1.5 mm，体长19～25 mm，体暗黑或暗绿色；头部黑色有白斑，体背及体侧有明显暗色纵带，带间有黄绿色波状细纵纹。腹部各节有明显毛瘤，毛瘤部黑色，有两层同心的黄白色圆环。蛹长约15 mm，黄褐色，腹末有8根刚毛，蛹外包被泥沙及丝质口袋形的茧，茧长20～40 mm。

生活习性及危害特点： 我国每年发生2～8代，随地区而有不同，东北、华北各省，一般1年发生2代，第1代危害重。各地均以老熟幼虫在土中结茧越冬，翌年春季化蛹羽化。成虫在傍晚和夜间活动，有趋光性及远距离迁飞习性。成虫需取食花蜜，性器官才能发育成熟，完成交配、产卵。幼虫有吐丝结网的习性。初孵幼虫取食叶肉，残留表皮，2～3龄幼虫多群集心叶内危害，通常在3龄开始结网。3龄后食量大增，可将叶片吃光，4～5龄为暴食期，可吃光成片作物，成群转移，短期内造成大面积减产，为一种间歇性暴发成灾的害虫。分蘖期受害导致大量分蘖缺失，严重时缺塘现象明显。拔节期后受害可导致断蘖断穗。

防治技术：

（1）农业防治。在草地螟集中越冬场所，采取秋翻、春耕、耙糖及冬灌，破坏草地螟的越冬环境，增加越冬期的死亡率。成虫产卵盛期后未孵化前铲除田间杂草，集中处理，可起到灭卵的作用。草地螟常在草滩发生，当某地块发生密度大，食料缺乏时成群迁移危害，及时在受害田块周围或草滩临近农田处挖沟或用药带封锁。

（2）物理防治。采用黑光灯诱杀。

（3）生物防治。释放赤眼蜂灭卵，用核型多角体病毒、苏云金杆菌、白僵菌等有效生物制剂喷雾防治。

（4）化学防治。应在幼虫3龄（体长5～10 mm）进行防治。亩用20%氯虫苯甲酰胺悬浮剂10 mL喷雾，对幼虫防治效果好。也可用2.5%的溴氰菊酯乳油2 000～2 500倍液、2.5%的三氟氯氰菊酯乳油1 800～2 000倍液或4.5%高效氯氰菊酯乳油3 000～4 000倍液均匀喷雾防治。注意混用或交替使用农药，以延缓抗性的产生。

草地螟

A. 幼虫　B. 成虫　C. 蛹

25. 麦秆蝇

学名：*Meromyza saltatrix*

分类：双翅目黄潜蝇科

分布：分布于黑龙江、内蒙古、新疆、贵州、云南、西藏、青海、四川、宁夏、河北、山西、甘肃等地区。

寄主：小麦、大麦、燕麦和黑麦以及一些禾本科和莎草科的杂草。

形态特征：雄成虫体长 3.0 ～ 3.5 mm，雌成虫体长 3.7 ～ 4.5 mm。成虫体黄绿色。翅透明，有光泽，翅脉黄色。胸部背面有 3 条黑色或深褐色纵纹，中央的纵线前宽后窄直达梭状部的末端，其末端的宽度大于前端宽度的 1/2，两侧纵线各在后端分叉为二。越冬代成虫胸背纵线为深褐至黑色，其他世代成虫则为土黄至黄棕色。足黄绿色，跗节色暗。后足腿节显著膨大，内侧有黑色刺列，腔节显著弯曲。卵长椭圆形，两端瘦削，长约 1 mm，白色，表面有 10 余条纵纹，光泽不显著。老熟幼虫体长 6.0 ～ 6.5 mm。体蛆形，细长，呈黄绿或淡黄绿色。口钩黑色。围蛹，雄蛹体长 4.3 ～ 4.8 mm，雌蛹体长 5.0 ～ 5.3 mm。体色初期较淡，后期黄绿色，通过蛹壳可见复眼、胸部及腹部纵线和下颚须端部的黑色部分。

生活习性及危害特点：在华北春麦区 1 年生 2 代，冬麦区 1 年生 3 ～ 4 代，以第 1 代幼虫危害春麦，第 2 代幼虫在寄主根茎部或土缝中或杂草上越冬。各代各虫态发生期依地区而异。以幼虫钻入燕麦等寄主茎内蛀食危害，初孵幼虫从叶鞘或茎节间钻入麦茎，或在幼嫩心叶及穗节基部 1/5 ～ 1/4 处呈螺旋状向下蛀食，形成枯心、白穗、烂穗，不能结实。

防治方法：

（1）农业防治。加强燕麦的栽培管理，因地制宜深翻土地，精耕细作，增施肥料，适时早播，适当浅播，合理密植，及时灌排，选育抗虫良种。

（2）药剂防治。根据各测报点逐日网扫成虫结果，在越冬代成虫开始盛发并达到防治指标，尚未产卵或产卵极少时，据不同地块的品种及生育期，进行第 1 次喷药，隔 6 ～ 7 d 后视虫情变化，对生育期晚尚未进入抽穗开花期，植株生长差，虫口密度仍高的麦田续喷第 2 次药。可选用 10% 吡虫啉可湿性粉剂 3 000 倍液或 36% 克螨蝇乳油 1 000 ～ 1 500 倍液喷雾防治。

麦秆蝇

A. 成虫　B. 幼虫　C. 田间危害状

26. 黑麦秆蝇

学名： *Oscinella pusilla*

分类： 双翅目秆蝇科

分布： 主要分布于内蒙古、新疆、山东、甘肃、宁夏、青海等地区。

寄主： 主要危害小麦、大麦、黑麦、燕麦及玉米等禾本科作物，以及稗草、黑麦草、看麦娘等杂草。

形态特征： 成虫体长约 1.8 mm，全体黑色有光泽，较粗壮。前胸背板黑色。触角黑色，吻端白色，翅透明。足腿节黑色，但端部有少许黄色。卵乳白色，梭形，长约 0.7 mm，具明显纵沟及纵脊。末龄幼虫体长 4.5 mm，蛆状，前端较小，末节圆形，其末端具短小突起 2 个。初孵幼虫像水一样透明，成熟时变为蛆状，黄白色，口钩镰刀状。蛹长 3 mm，棕褐色，圆柱形，前端生小突起 4 个，后端有 2 个。

生活习性及危害特点： 1 年发生 3 ～ 4 代，以老熟幼虫在冬作物或野生禾本科植物茎内越冬。翌年冰层融化时化蛹，20 d 后羽化为第 1 代成虫，经 10 ～ 38 d 后产卵，每雌产卵 70 粒，产卵部位多在近地面的芽鞘或叶鞘内侧、茎秆及叶片上。初孵幼虫蛀入茎内，取食心叶下部或穗芽，使之枯萎，并在这些地方化蛹。完成一个世代 22 ～ 79 d。幼虫钻入心叶或幼穗中危害，受害部枯萎或造成枯心，在分蘖以前受害较重，幼虫可以分蘖株间转株危害。

防治方法： 参考麦秆蝇的防治方法。

黑麦秆蝇成虫

27. 玉米象

学名：_Sitophilus zeamais_

分类：鞘翅目象甲科

分布：世界各地均有分布。

寄主：对多种谷物及加工品，以及豆类、油料、干果、中药材等均可造成危害。

形态特征：成虫体长 2.9 ～ 4.2 mm。体暗褐色，鞘翅常有 4 个橙红色椭圆形斑。喙长，除端部外，密被细刻点。触角位于喙基部之前，柄节长，索节 6 节，触角棒节间缝不明显。前胸背板前端缩窄，后端约等于鞘翅之宽，背面刻点圆形，沿中线刻点多于 20 个。鞘翅行间窄于行纹刻点。前胸和鞘翅刻点上均有 1 根短鳞毛。后翅发达，能飞。雄虫阳茎背面有两纵沟，雌虫 Y 形骨片两臂较尖。卵椭圆形，长 0.65 ～ 0.70 mm，乳白色，半透明，下端稍圆大，上端逐渐狭小，上端着生帽状圆形小隆起。幼虫体长 2.5 ～ 3.0 mm，乳白色，体多横皱，背面隆起，腹面平坦，全体肥大粗短，略呈半球形，无足，头小，淡褐色。蛹体长 3.5 ～ 4.0 mm，椭圆形，乳白色至褐色，头部圆形，喙状部伸达中足基部，前胸背板上有小突起 8 对，其上各生 1 根褐色刚毛，腹部 10 节，腹末有肉刺 1 对。

生活习性及危害特点：玉米象是分布最广、危害最重的储粮害虫。1 年发生 1 代至数代，因地区而异。可在仓内繁殖，也可飞到田间繁殖。耐寒力、耐饥力、产卵力均较强，发育速度较快。玉米象属于钻蛀性害虫，成虫食害种子，以及面粉、油料、植物性药材等仓储物，幼虫只在禾谷类种子内危害。主要危害贮存 2 ～ 3 年的陈粮。贮粮被玉米象咬食而造成许多碎粒及粉屑，危害后能使粮食水分增高和发热，引进粮食发霉变质。

防治方法：

（1）诱杀成虫。秋末冬初，在粮面或粮堆四周铺上麻袋，引诱成虫来袋下潜伏，收集并予以消灭；春天，在仓外四周喷一条马拉硫磷药带，防止在仓外越冬的成虫返回仓内。

（2）药剂熏蒸。可选用磷化铝等药剂。

♂　　　♀

玉米象

28. 草地贪夜蛾

学名：*Spodoptera frugiperda*

分类：鳞翅目夜蛾科

分布：草地贪夜蛾是一种入侵性害虫。广泛分布于美洲大陆，是当地重要的农业害虫。于2019年1月入侵中国云南，截至2019年10月8日，已扩散蔓延至26个省（区）。

寄主：草地贪夜蛾是一种杂食性害虫，嗜好禾本科植物，可危害玉米、水稻、小麦、大麦、燕麦、高粱、粟、甘蔗、黑麦草和苏丹草等农作物和杂草；也可危害十字花科、葫芦科、锦葵科、豆科、茄科、菊科植物。

形态特征：成虫翅展32～40 mm，前翅深棕色，后翅灰白色，边缘有窄褐色带。前翅中部各1块黄色不规则环状纹，其后为肾状纹；雌蛾前翅呈灰褐色，环形纹和肾形纹灰褐色，轮廓线黄褐色；雄蛾前翅色彩杂，翅顶角向内各具1块大白斑，环状纹黄褐色，后侧各1条浅色带自翅外缘至中室，肾状纹内侧有1条白色楔形纹。卵呈圆顶形，底部扁平，直径0.4 mm，顶部中央有明显的圆形点，通常100～200粒卵堆积成块状，卵上有鳞毛覆盖，卵初产时为浅绿色或白色，孵化前渐变为棕色。幼虫一般有6个龄期，体色有浅黄、浅绿、褐色等多种，最为典型的识别特征是末端腹节背面有4个呈正方形排列的黑点，三龄后头部可见的倒Y形纹。蛹呈椭圆形，红棕色，长14～18 mm，宽4.5 mm。

生活习性及危害特点：成虫可进行长距离的飞行，一晚可飞行100 km，据估计一个世代即可迁飞长达近500 km。危害特点表现为危害严重性、生态多型性、适生广泛性、迁飞扩散性。主要危害生长点，破坏性极强，低龄幼虫食叶蛀心，高龄幼虫切根断蘖（穗）。

防治方法：

（1）理化诱控。成虫发生高峰期，集中连片使用杀虫灯诱杀，可搭配性诱剂和食诱剂提升防治效果。

（2）药剂防控。要抓住低龄幼虫（1～3龄）的防控最佳时期，施药时间最好选择在清晨或者傍晚，注意喷洒在叶片、心叶、近地表分蘖着生处等部位。虫口密度达到10头/百株时，可选用防控夜蛾科害虫的高效低毒的杀虫剂喷雾防治。如甲氨基阿维菌素苯甲酸盐、茚虫威、四氯虫酰胺、氯虫苯甲酰胺、高效氯氟氰菊酯、氟氯氰菊酯、甲氰菊酯、溴氰菊酯、乙酰甲胺磷、虱螨脲、虫螨腈等。在卵孵化初期选择喷施甘蓝夜蛾核型多角体病毒、苏云金杆菌、金龟子绿僵菌、球孢白僵菌、短稳杆菌等生物农药。

草地贪夜蛾

A. 成虫　B. 卵块　C. 低龄幼虫（2龄）　D. 老熟幼虫（6龄）

29. 米象

学名： *Sitophilus oryzae*

分类： 鞘翅目象虫科

分布： 主要分布于内蒙古、四川、重庆、福建、江西、贵州、湖南。

寄主： 主要危害玉米、水稻、小麦、燕麦、高粱等各种谷物及其加工品，还危害豆类、油籽、干果、药材等。

形态特征： 成虫体长 2.3 ～ 3.5 mm，圆筒状，红褐色至暗褐色，背面不发亮或略有光泽。触角 8 节，第 2~7 节约等长。前胸背板密布圆形刻点。每鞘翅近基部和近端部各有 1 个红褐色斑，后翅发达。雄虫阳茎背面均匀隆起，雌虫的 Y 形骨片两侧臂末端钝圆，两侧臂间隔约等于两侧臂宽之和。幼虫头部呈宽卵形，内隆脊从端部到基部宽窄一致，长度超过额长的 1/2。

发生规律： 在甘肃陇东 1 年发生 1 代，东北 1 年发生 1 ～ 2 代，山东 1 年发生 2 代，浙江、陕西 1 年发生 3 ～ 4 代，广东 1 年发生 7 代。米象只能在仓内繁殖，耐寒力、耐饥力较弱，产卵量较低，发育速率较慢。主要危害贮存 2 ～ 3 年的陈粮，成虫啃食谷粒，幼虫蛀食谷粒。

防治方法：

（1）清洁仓库，改善贮存条件。堵塞各种缝隙，改善贮粮条件，可减少危害。在粮堆表面覆盖一层 6 ～ 10cm 厚的草木灰，用塑料膜或牛皮纸隔离；如已发生虫害，要先把表层粮取出去虫，使其与无虫粮分开，防止向深层扩展。必要时在入仓前暴晒，也可达到防虫目的。

（2）药剂防治。用磷化铝 38 g/m³ 熏空仓，闭熏 4 天后防效 95%。农户或小型粮库也可使用粮食防虫包装袋。

米象成虫

30. 米蛾

学名: *Corcyra cephalonica*

分类: 鳞翅目螟蛾科

分布: 世界各地均有分布。

寄主: 主要危害水稻、小麦、玉米、小米等各种谷物及其加工品。

形态特征: 成虫翅展约 18 mm。复眼棕褐色。前翅长椭圆形,外缘圆弧状,灰褐色,翅面有不甚明显的纵条纹。后翅比前翅宽阔,灰黄色。卵呈卵圆形,淡黄色,有光泽。幼虫长约 13 mm,头部赤褐色,身体黄白色。蛹长约 11 mm,纺锤形,淡棕色。

生活习性及危害特点: 1 年发生 2 ～ 7 代, 以幼虫越冬。 1 头雌蛾可产卵约 150 粒。在温度为 21℃左右的条件下, 完成一代约需 42 d, 卵约经 7 d 便孵化为幼虫, 幼虫期约 25 d, 蛹期约 10 d。 成虫 6 月中下旬成虫羽化, 喜欢在夜间活动, 白天静息在仓库墙壁或麻袋上。 交配后 1 ～ 2 d 即产卵于粮堆表面或仓库缝隙中。 成虫寿命短, 7 ～ 10 d。在幼虫喜欢栖息于碎燕麦碎粒中, 并吐丝把其连缀而筑成筒状长茧, 幼虫潜匿在茧内取食危害。

防治方法:

(1) 保持仓库清洁卫生,并安装纱窗纱门。

(2) 药剂防治。散装粮可用 4 $\mu g/cm^3$ 保粮磷 (注意:保粮磷主要用于原粮和种子粮的防虫,不可用于成品粮)、4 $\mu g/cm^3$ 甲基嘧啶磷或 0.5 ～ 1 $\mu g/cm^3$ 溴氰菊酯与谷物拌匀;也可在仓内空间挂敌敌畏布条。

米蛾

A. 幼虫　B. 正在交尾的成虫

31. 粉斑螟

学名: *Cadra cautella*

分类: 鳞翅目螟蛾科

分布: 全国各地均有分布。

寄主: 主要危害水稻、玉米、高粱、燕麦、小麦等多种仓储谷物,以及豆类、花生、干果、中药材。

形态特征: 成虫体长 6 ~ 7 mm,翅展 14 ~ 16 mm,头部及胸部灰黑色。前翅狭长,翅淡褐色,有时为灰黑色,近基部 1/3 处,有 1 条不明显的淡色纹横带,横纹带外色较深。后翅灰白色。卵球形,乳白色。老熟幼虫体长 12 ~ 14 mm,头部赤褐色,前胸盾板及腹末臀板褐色至深褐色,其余各节为乳白色或稍带粉红色。体中部稍粗,两端稍细。

生活习性及危害特点: 一般 1 年发生 4 代,以幼虫在包装物、垫仓板、屋柱、板壁或仓内阴暗避风处潜藏越冬,次年继续危害。幼虫食害粮粒胚部,有时将粉屑结成团。

防治方法:

(1) 搞好仓库环境卫生,减少发生基数。

(2) 提高仓储产品的贮藏质量,实行科学贮藏。

(3) 化学防治。发现虫蛀要及时处理并补救,除先对贮藏产品过筛除虫,然后在太阳下暴晒,杀死害虫外,还要对仓库进行 1 次药物熏蒸,方法是用 30 ~ 40 g/m³ 氯化苦(三氯硝基甲烷),喷布到贮藏物的包装袋表面或喷布到空包装袋上挂于仓库内,也可用 190 ~ 220 g/m³ 二氯乙烯或 20 g/m³ 溴甲烷,密闭熏蒸 72 h。

粉斑螟

A、B.成虫　C.幼虫　D.蛹

32. 谷蠹

学名: *Rhyzopertha dominica*

分类: 鞘翅目长蠹科

分布: 主要分布于淮河以南。

寄主: 主要危害水稻、玉米、高粱、豆类等谷物，以及干果、中药材、皮革、书籍等。

形态特征: 成虫体长约 3 mm。圆筒形，有光泽，深赤褐色至黑褐色，除后胸腹板前半部外腹面色淡。头被前胸背板覆盖，从上方不可见。触角 10 节，端部 3 节向内侧扩展。前胸背板前半部有 1 列弯成弓形的钝圆形齿，后半部有许多大而密的颗粒状突起。鞘翅具数条纵列小刻点，并着生稀疏黄毛。幼虫体略弯曲，乳白色，头部小，褐色，3 对胸足细小，气孔小，环形。

生活习性及危害特点: 成虫产卵于粮粒表面或粮屑内。成虫不能破坏完整的稻粒，只能从有伤口的地方侵入，能钻到粮堆的底部。谷蠹性喜温暖，气候温暖时则多飞翔。在华中地区 1 年发生 2 代。在广东 1 年可发生 4 代。以成虫越冬，越冬场所常在发热的粮堆，或当粮温降低时会向粮堆下层转移，蛀入仓底与四周木板内，以仓板和储粮接触处最多，也可潜伏在粮粒之中或飞至野外树皮裂缝中越冬。越冬成虫于翌年 4 月开始活动，交尾产卵，7 月出现第一代成虫，8 ~ 9 月出现第二代成虫，此时虫害最为严重。每头雌虫一生可产卵 200 ~ 500 粒。卵的孵化率极高，一般能达 100%。孵出的幼虫会钻入谷粒取食，直至羽化成为成虫钻出。

防治方法: 降低贮粮水分及温度，进行粮食贮藏的科学管理，必要时用氯化苦、溴甲烷、二氯乙烷等药剂熏蒸。

谷蠹成虫

33. 大谷盗

学名：_Tenebroides mauritanicus_

分类：鞘翅目谷盗科

分布：世界各地均有分布。

寄主：主要危害谷物、豆类、油料、药材、干果等。

形态特征：成虫体长 6.5 ～ 11 mm，长椭圆形，体深褐色至漆黑色，具光泽；头部近三角形，前伸，额稍凹，上、下唇前缘两侧具黄褐色毛，上颚发达；触角 11 节，棍棒状，末端 3 节向一侧扩展呈锯齿状；前胸背板宽大于长，前胸、翅脉之间颈状连接，鞘翅长是宽的 2 倍，每个鞘翅上具 7 条刻点组成的纵纹。卵椭圆形，细长，长 1.5 ～ 2 mm，一端略膨大，乳白色。末龄幼虫体长 18 ～ 21 mm，头黑褐色，体灰白色，前胸背板黑褐色，中央分开，中后胸背板各具黑褐色圆斑 1 对，腹部后半部粗大，尾端具黑褐色钳状臀叉 1 对，臀板黑褐色。蛹长 8 ～ 9 mm，扁平纺锤形，乳白色至黄白色。

生活习性及危害特点：温带、热带地区 1 年发生 1 ～ 3 代，多以成虫，少数以幼虫潜伏在仓库的各种缝隙或粮包褶缝中越冬。翌年 3 ～ 4 月越冬成虫产卵，越冬幼虫化蛹后于 5 ～ 6 月间羽化为成虫。成虫寿命长达 1 ～ 2 年，每头雌虫产卵 500 ～ 1 000 粒，产卵期 2 ～ 14 个月，卵单产或块产，常混入碎屑或缝隙中。成虫、幼虫性凶猛，经常自相残杀或捕食其他仓储昆虫。幼虫耐饥力、抗寒性强。幼虫老熟后蛀入木板内或粮粒间或包装物折缝处化蛹。危害谷物的胚部，使谷物无法发芽，破坏包装物，造成其他仓库害虫入侵。

防治方法：

（1）冷冻杀虫。冬季把库温降至 0.6℃ 以下，持续 7 d 以上。

（2）高温杀虫。把粮库内温度升到 55℃，可杀死该虫。

（3）药剂熏蒸或采用防虫袋。可采用磷化铝熏蒸法。农户或小型粮库也可使用粮食防虫包装袋，可有效地防治大谷盗，同时还可防止霉变。

大谷盗成虫

34. 锯谷盗

学名： *Oryzaephilus surinamensis*

分类： 鞘翅目锯谷盗科

分布： 国内除吉林、宁夏、西藏外，其他省份均有分布，是仓库中虫口数量较大、分布较广的重要害虫。

寄主： 主要危害麦类等谷物，及面粉、干果、中药材、烟草、肉干等。

形态特征： 成虫体扁平细长，深褐色，长 2.5 ～ 3.5 mm，宽 0.5 ～ 0.7 mm，体上被黄褐色密的细毛；头部呈梯形，复眼黑色突出，触角棒状，11 节；前胸背板长卵形，中间有 3 条纵隆脊，两侧缘各生 6 个锯齿突；鞘翅长，两侧近平行，后端圆。翅面上有纵刻点列及 4 条纵脊，雄虫后足腿节下侧有 1 个尖齿。幼虫扁平细长，体长 3 ～ 4 mm，灰白色；触角与头等长，3 节，第 3 节长度是第 2 节的 2 倍；胸足 3 对，胸部各节的背面两侧均生 1 块暗褐色的方形斑，腹部各节背面中间横列褐色半圆形至椭圆形斑。

生活习性及危害特点： 锯谷盗 1 年发生 2 ～ 5 代，主要以成虫飞往室外附近的石头、树皮下等处越冬。翌年飞回室内，少数成虫留在贮粮室内缝隙中越冬。每头雌虫平均产卵 70 粒，多者可达 375 粒，卵多产于碎屑中，幼虫行动活泼，有假死性，食碎粮外表或完整粮胚部，或钻入其他贮粮害虫的蛀孔内取食危害，幼虫发育最适温度为 32.5℃，相对湿度 90%。成虫耐低温、高湿，抗性强。成虫、幼虫喜食粮食的碎粒或粉屑。

防治方法： 参照大谷盗。

锯谷盗

A. 成虫　B. 成虫前胸背板和触角

35. 蝗虫

分布： 主要分布于东北、西北、华北等地农牧交错区。

寄主： 主要危害禾本科作物及杂草。

形态特征： 常见蝗虫主要形态特征比较见下表。

常见蝗虫主要形态特征比较

种类	体长	体色	主要形态特征
亚洲飞蝗	雄 42.5 mm，雌 47.5 mm	绿色或灰褐色	群居型：雄前翅长 50.0 mm，雌前翅长 53.5 mm 散居型：雄前翅长 47.0 mm，雌前翅长 58.0 mm 后足腿节：群居平均 24.5 mm，散居平均 29.0 mm
东亚飞蝗	雄 38.5 mm，雌 45.3 mm	绿色或灰褐色	群居型：雄前翅长 42.6 mm，雌前翅长 45.8 mm 散居型：雄前翅长 42.0 mm，雌前翅长 46.0 mm 后足腿节：群居平均 21.5 mm，散居平均 23.2 mm
黄胫小车蝗	雄 23～28 mm，雌 30～39 mm	绿色或灰褐色	前胸背板常有不完整的 X 形淡斑，后纹较前纹宽，中隆线较高，侧隆线中部向内弯曲，后翅宽大，在中部有暗色横带纹，后主腿节底侧，雄红色，雌黄色
亚洲小车蝗	雄 21～25 mm，雌 31～37 mm	绿色或灰暗色	前胸背板的 X 形淡斑完整，后纹较前纹接近，其余特征与黄胫小车蝗相同
轮纹痂蝗	雄 29～39 mm，雌 34～48 mm	黄褐色	体形粗大，有粗大的颗粒、点刻，前胸背板前窄后宽，中隆线低，常部分消失，被 2~3 个横沟割断。后翅基部玫瑰红色，中部有较窄的暗色横带纹，后足胫节污黄色
黄胫痂蝗	雄 31～36 mm，雌 34～40 mm	暗褐或黄褐色	与轮纹痂蝗非常相似。主要区别是后翅无暗色带纹，仅在后翅前缘基部的一半有暗色斑，后翅基部淡玫瑰色，后足胫节内侧赤黄色
白边痂蝗	雄 26～32 mm，雌 25～38 mm	灰褐或暗褐色	与前两种痂蝗相似。主要区别是后翅基部暗色，后翅外缘有较宽的白边
笨蝗	雄 28～37 mm，雌 34～49 mm	暗褐色	体形粗大，前胸背板中隆线呈片状隆起，侧面呈弧形，有许多粗密颗粒；前胸背板隆起，侧面观呈圆弧形。翅退化，只剩翅芽；前翅短小，鳞片状，后翅略短于前翅
短星翅蝗	雄 12.5～18.5 mm，雌 25.0～32.5 mm	褐色	颜面倾斜，头侧窝不明显，后足腿节上有暗色横斑，外侧下隆线有 1 列黑点，内侧红点，有 2 个黑色横纹，后足胫节红色，胫节刺的顶端黑色
宽翅曲背蝗	雄 23～28 mm，雌 35～39 mm	褐色或黄褐色	颜面倾斜，头顶有 1 个暗色"八"字纹，头侧窝四角形，前胸背板中隆线低，侧隆线白色，在中部向内弯曲，后足胫节鲜红
红翅皱膝蝗	雄 23～29 mm，雌 28～32 mm	褐色	体匀称，前胸背板有粗大颗粒，后足胫节基部膨大处的背面有平行的细皱纹，后翅玫红色

种类	体长	体色	主要形态特征
大垫尖翅蝗	雄 14.5～18.5 mm，雌 23.0～29.0 mm	暗褐色	前胸背板背面中央有红褐色或暗褐色纵条纹，伸达头部；后翅透明本色，有时基部内缘呈淡黄色；后足腿节顶端暗色，后足胫节淡黄色，有 3 个不完整的淡色环
小翅雏蝗	雄 9.8～15.1 mm，雌 14.7～21.7 mm	黄褐或绿色	前胸背板侧隆线在沟前区几乎平行或略弯；前翅短小，后翅退化，仅留极小的片状物
宽须蚁蝗	雄 10.4～17.1 mm，雌 11.3～17.7 mm	褐色	触角丝状，顶端膨大，下颚须的顶端节较宽，顶端呈切面。前胸背板侧隆线在沟前区向内弯曲，沟后区分开
邱氏异爪蝗	雄 13.5～15 mm，雌 19.5～23 mm	灰褐色	复眼后部、前胸背板侧隆线外侧有较宽黑褐色纵纹，侧隆线在沟区部分平行，沟前区与沟后区长度相等
素色异爪蝗	雄 15.5～17.1 mm，雌 20.2～17.5 mm	淡褐色	颜面向后极度倾斜，头顶宽短，顶端圆形，沟前区长于沟后区，跗节左右不对称
甘蒙尖翅蝗	雄 16.0～17.5 mm，雌 23.0～27.0 mm	绿或黄褐色	颜面后倾，头侧窝长三角形，前胸背板无侧隆线，后足腿节底侧无玫瑰红色，跗节垫短小，不达爪中部

防治方法：由于各地区蝗虫种类的发生规律不同，除飞蝗为 3 龄适期防治外，其他蝗虫种类防治适期必须依据不同的优势种类和发生环境的特点，因地、因时制宜确定。过早防治，有的蝗虫没有孵化；过迟防治，龄期大、效果差。

燕麦田常见蝗虫

（1）防治策略。①合理利用，保护生态。虫口密度大、成灾次数较多的一般都是气候适宜的农牧交错区和冬春草场，这些地方由于植被退化，成为蝗虫发生的主要基地。各地多年的治蝗实践证明，单纯依靠药剂治蝗，只能临时控制蝗害，而不能从根本上解决蝗害问题。彻底控制蝗害，必须标本兼治。根据各类型蝗区的特点，结合农田基本建设、草原建设，因地制宜地采取综合措施，改变蝗虫发生的环境，从而创造不利于蝗虫发生的环境。②切实做好蝗情普查工作。主要蝗区必须设有蝗虫测报站和专业防治队伍，举办技术培训班，积极开展测报和防治工作。③根据蝗虫发生数量、分布特点及蝗区自然地理条件等各种因素，采取不同的防治对策。掌握防治标准和时机，发生面积小，分布比较分散的地方，宜采用小型药械防治，要做到经济有效。蝗虫的大发生是由点扩散到面的，把蝗虫消灭在点片阶段。④加强联防，统一相邻地区的治蝗时间，是防止发生迁飞的重要措施。相邻地区要共同制订方案，统一行动。

（2）生物防治。①养鸡灭蝗。在蝗虫发生面积小时，可采用牧鸡、牧鸭防治蝗虫，此法既消灭了虫害，还能加快家禽长速，一举两得。②天敌灭蝗。保护和利用好当地的蝗虫天敌，可以有效控制蝗灾的暴发。蝗虫的天敌很多，包括鸟类、蚂蚁、步甲、芫菁、寄生蜂、寄生蝇等。③绿僵菌灭蝗。可采用 20% 杀蝗绿僵菌进行治蝗。④微孢子虫灭蝗。1985 年，我国从美国引进此项技术。微孢子虫是丝孢纲的一种原生动物。目前，微孢子虫灭蝗已进入推广示范阶段。根据内蒙古、青海、新疆的报道，微孢子虫对宽须蚁蝗、小翅雏蝗、狭翅雏蝗、红翅皱膝蝗、鼓翅雏膝蝗、白边痂蝗、轮纹异痂蝗以及飞蝗属和星翅蝗属的蝗虫均有明显的感受性和致病力。

（3）药剂防治。在加强测报的基础上，抓住最佳防治时期，即蝗虫低龄期（3 龄蝗蝻以前），选用无公害农药防治蝗虫，可选用 1.8% 阿维菌素乳油 2 000 ～ 4 000 倍液、0.5% 苦参碱水剂 500 ～ 1 000 倍液、 5% 氟虫腈悬浮剂 150 ～ 225 mL/hm² 或 5% 氟虫脲可分散液剂 1 000 ～ 1 500 倍液等药剂。

36. 蚜虫

我国燕麦上常见的蚜虫有麦长管蚜（*Sitobion avenae*）、麦二叉蚜（*Schizaphis graminum*）及禾谷缢管蚜（*Rhopalosiphum padi*）。这三种蚜虫常混合发生，以麦长管蚜和麦二叉蚜为主。麦长管蚜是燕麦蚜虫中的优势种。

分类：同翅目蚜科

分布：全国各地多有分布。

寄主：主要危害大麦、燕麦、高粱、水稻、狗尾草、莎草等禾本科植物。

形态特征：

麦长管蚜：有翅成蚜体长 2.4 ～ 2.8 mm，头胸部黄、褐色，腹部绿色、红色等，体背两侧具 4 ～ 5 个褐色斑；触角暗褐色；第 3 节有圆形次生感觉孔 6 ～ 18 个，第 5、6 节各生 1 个。第 6 节鞭部较基部长 4 ～ 5 倍。前翅中脉分 3 支；腹管长，圆筒形，端半部有网纹，末端黑色，尾片长大。无翅孤雌蚜体长 3.1 毫米，宽 1.4 毫米，长卵形，草绿色至橙红色，头部略显灰色，腹侧具灰绿色斑，腹部第六至八节及腹面具横网纹，喙粗大，超过中足基节，触角全长不及体长。

麦二叉蚜：有翅成蚜体长 1.4 ～ 1.7 mm，头胸部灰黑色，腹部绿色，体背中央具浓绿清晰纵线；触角一般比体短，约为体长的 3/5，第 3 节有圆形次生感觉孔 5 ～ 9 个，排成一行。前翅中脉分 2 支；腹管较短，圆管形，顶端稍膨大，暗黑色，基部有横皱纹；尾片短小。无翅孤雌蚜体长 2.0 毫米，卵圆形，淡绿色或黄绿色，有深绿色背中线，腹管浅绿色，顶端黑色。中胸腹岔具短柄，喙超过中足基节。

禾谷缢管蚜：有翅成蚜体长 1.4 ～ 1.8 mm。头胸部黑色，腹部暗绿色带紫褐色，体背两侧及腹管后方中央有黑色斑点；触角短，长度约为体长的 1/2，黑色，第 3 ～ 6 节覆瓦状；前翅中脉分 2 支；腹管中等长，圆筒形，中部膨大，端部细；尾片不长。无翅孤雌蚜体长 2.0 毫米，卵圆形，淡绿色或黄绿色，有深绿色背中线，腹管浅绿色，顶端黑色。中胸腹岔具短柄，喙超过中足基节。

生活习性及危害特点：蚜虫的繁殖力很强，1 年能繁殖 10 ～ 30 个世代，世代重叠现象严重。在多数地区以无翅孤雌成蚜和若蚜在麦类或禾本科杂草根际或四周土缝隙中越冬，也可在背风向阳的地方继续生活。10 月中旬开始产卵，旬均温度 4℃时进入产卵盛期并以卵越冬。翌年 3 月下旬进入越冬卵孵化盛期，历时 30 d 左右，春季先在禾本科杂草上取食，4 月中下旬开始迁移到麦田，到了穗期即进入危害高峰期。6 月中下旬产生有翅蚜，迁飞到冷凉地区越夏。

麦蚜的危害包括直接危害和间接危害两个方面，一是直接危害，主要以成、若蚜吸食叶片、茎秆、嫩头和嫩穗汁液。麦长管蚜多在植物上部叶片正面危害，抽穗灌浆后，迅速增殖，集中于穗部危害。麦二叉蚜喜在作物苗期危害，被害部形成枯斑，其他蚜虫无此症状。二是间接危害，指麦蚜在危害同时，传播病毒病，其中以传播黄矮病病毒带来的危害最大。

防治方法：

（1）农业防治。选用抗虫品种，适时早播，合理施肥浇水。

（2）生物防治。要充分利用天敌，发挥自然调控作用。必要时可人工繁殖释放或助迁天敌，使其有效地控制蚜虫。

（3）药剂防治。当孕穗期有蚜株率达 50%，百株平均蚜量 200 ~ 250 头或灌浆初期有蚜株率 70%，百株平均蚜量 500 头时即应进行防治。选用 0.2% 苦参碱水剂或 50% 辟蚜雾可湿性粉剂等药剂杀蚜效果都很好，且能保护天敌。还可用 40% 辛硫磷乳油拌种，也可用 50% 灭蚜松乳油 150 mL，兑水 5 kg，喷洒在 50 kg 麦种上，堆闷 6 ~ 12 h 后播种。

麦蚜

A. 麦二叉蚜　B. 禾谷缢管蚜

37. 蓟马

危害燕麦的蓟马主要包括禾花蓟马(*Franklinilla tenuicornis*)、黄呆蓟马(*Anaphothrips obscurus*)和稻单管蓟马(*Haplothrips aculeatus*)。

分类：缨翅目蓟马科

分布：全国各地均有分布。

寄主：危害多种禾本科作物和杂草。

形态特征：蓟马体微小，体长0.5～14 mm，一般为1～2 mm。通常具两对狭长的翅，翅缘有长的缨毛。

禾花蓟马：雌虫体长1.3～1.5 mm，体灰褐至黑褐色，胸部稍浅，腹部顶端黑色；触角黑褐色，仅第3、4节黄色；腿节顶端和胫节、跗节黄至黄褐色；翅淡黄色；鬃黑色。

黄呆蓟马：成虫有长翅型、半长翅型和短翅型之分。长翅型雌成虫体长1.0～1.2 mm，体黄色，略暗，胸背及腹背(端部数节除外)有暗黑区域。触角第1节淡黄色，第2～4节黄色，第5～8节灰黑色。前翅淡黄，具翅胸节明显宽于前胸。半长翅型雌成虫的前翅长达腹部第5节。短翅型的前翅短小，退化成三角形芽状，具翅胸节几乎不宽于前胸。

稻单管蓟马：雌成虫体长1.4～1.7 mm，黑褐色至黑色，略具光泽；前足胫节和跗节黄色；触角第1、2节黑褐色，第3节黄色；翅透明，鬃黄灰色。雄成虫较雌虫小而窄，前足腿节扩大，前跗节具三角形大齿。

生活习性及危害特点：蓟马在苗期及心叶末期发生量大，穗期蓟马的数量随即显著下降。6月中旬主要是成虫猖獗危害期，6月下旬、7月初若虫数量增加。蓟马年度之间发生与危害的差异与降雨关系密切，但与气温关系不大。5月下旬至6月上旬，降雨偏少、气温偏高，对其发生有利。降雨对蓟马的种群数量有较大的抑制作用，可导致虫量下降。蓟马喜干燥，在麦套玉米田中，沟、路、渠边环境较为通风干燥的地方，发生量大。杂草是蓟马的中间寄主，杂草多的地块或靠近田边的杂草中，虫量大，受害重。

蓟马以成虫和若虫锉吸植株的枝梢、叶片、花、果实等汁液，被害的嫩叶、嫩梢变硬、卷曲枯萎，植株生长缓慢，节间缩短；幼嫩果实被害后会硬化，严重时造成落果，严重影响产量和品质，同时蓟马可传播植物病毒。

禾花蓟马多在寄主植物的心叶内活动危害，当食害伸展的叶片时，多在叶正面取食，叶片呈现成片的银灰色斑，危害严重的可造成大批死苗。

黄呆蓟马主要是成虫对麦田危害严重。危害叶背面呈现断续的银白色条斑，伴随有小污点，叶正面与银白色相对的部分呈现黄色条斑。受害严重者叶背如涂一层银粉，叶片变黄枯干，甚至毁种。

稻单管蓟马成、若虫危害植株的幼嫩部位，吸食汁液，叶片上出现无数白色斑点或产生水渍状黄斑，严重的心叶不能展开，嫩梢干缩，籽粒干瘪，影响产量和品质。

防治方法：

（1）农业防治。结合中耕除草，冬春尽量清除田间地边杂草，减少越冬虫口基数。加强田间管理，促进植株本身生长势，改善田间生态条件，减轻危害，对受害严重的幼苗拧断其顶端，可帮助心叶抽出，同时要适时灌水施肥，加强管理，促进燕麦苗早发快长。结合栽培管理，避开蓟马高峰期。

（2）药剂防治。蓟马是抗性害虫，要交替、轮换使用农药。有机磷、氨基甲酸酯类等对蓟马有较好的防效。可选用 40% 毒死蜱乳油 1 000 倍液、25% 喹硫磷乳油 500 倍液、20% 丁硫·克百威乳油 1 000 倍液或 10% 吡虫啉可湿性粉剂 1 500 倍液，在蓟马发生初期对叶片和心叶进行喷雾防治。

蓟马

A. 黄蓟马　B. 花蓟马

38. 害螨

危害麦类的害螨主要有麦圆叶爪螨（*Penthaleus major*）和麦岩螨（*Petrobia latens*）

分类： 麦圆叶爪螨属蜱螨目叶爪螨科，麦岩螨属蜱螨目叶螨科

分布： 全国各地均有分布。

寄主： 危害麦类、大麦、燕麦、豌豆、蚕豆、油菜、紫云英、小蓟、看麦娘等植物。

形态特征：

麦圆叶爪螨：雌成螨体长 0.65 ～ 0.8 mm。背面观椭圆形，腹背隆起，深红色或黑褐色。足 4 对，几乎等长，足上密生短刚毛。卵椭圆形，长 0.2 mm，初产时暗红色，后变淡红色。表皮皱缩，外有 1 层胶质卵壳，表面有五角形网纹。幼螨体圆形，初孵呈淡红色，取食后变为草绿色，足 3 对，红色。若螨分前若螨和后若螨 2 个时期。足 4 对，体色、体形似成螨。

麦岩螨：雌成螨体长 0.62 ～ 0.85 mm。背面观阔椭圆形，紫红色或绿色。背毛 13 对，粗刺状，有粗绒毛，不着生在结节上。足 4 对，第 1 对与体等长或超过体长，第 2、3 对足短于体长的 1/2，第 4 对足长于体长的 1/2。雄成螨体长约 0.46 mm。背面观梨形，背刚毛短，具绒毛。卵有二型，一种为红色非滞育型卵，长约 0.15 mm，圆球形，表面有 10 多条隆起纵纹；另一种为白色滞育型卵，长约 0.18 mm，圆柱形，顶端向外扩张，形似倒放草帽，顶面上有放射状条纹。卵的表面有白色蜡质层。幼螨圆形，足 3 对，体长和宽均约 0.15 mm，初为鲜红色，取食后变暗褐色。若螨分第 1 若螨和第 2 若螨 2 个时期，足 4 对，似成螨。

生活习性及危害特点： 麦圆叶不满 1 年发生 2 ～ 3 代，麦岩螨 1 年发生 3 ～ 4 代。麦圆叶爪螨和麦岩螨都以成螨和卵越冬，以滞育卵越夏，春、秋两季危害，以春季危害严重。有群集性，在叶背危害，受惊后即落地假死；可借风力、雨水或爬行传播。麦圆叶爪螨性喜阴湿，怕高温干燥，于 6:00 ～ 9:00 和 16:00 ～ 20:00 出现两次活动高峰，小雨天仍能活动。麦岩螨性喜温暖干燥，一般多在 9:00 ～ 16:00 活动，其中以 15:00 ～ 16:00 数量最大，对大气湿度较为敏感，遇小雨或露水大时即停止活动。麦圆叶爪螨至今尚未发现雄螨，营孤雌卵生。卵多集聚成堆或成串产于麦丛分蘖茎近地面或干叶基部或土块上。麦岩

螨主要也营孤雌卵生,但在陕西杨陵地区麦类上曾发现过极少雄螨,说明部分营两性生殖。卵多数产于硬土块、土缝、砖瓦片、干草棒上,越夏和越冬卵的卵壳上覆有一层白色蜡质物,能耐夏季的高温多湿和冬季的干旱严寒。麦类害螨在连作麦田及靠近村庄、堤堰、坟地等杂草较多的田块发生重,水旱轮作和麦后耕翻的田块发生轻;推广免耕有加重危害的趋势。麦圆叶爪螨发生的最适湿度在80%以上,故水浇地、地势低洼、秋雨多、春季阴凉多雨以及沙壤土易成灾;麦岩螨发生的最适湿度在50%以下,因此,秋雨少、春暖干旱以及壤土、黏性土壤麦田发生危害重。

成、若螨刺吸麦类叶片、叶鞘的汁液,受害叶表面呈现黄白色小斑点,后期斑点合并成斑块,使麦苗逐渐枯黄,重者可使麦苗整片枯死。

防治方法:

(1)农业防治。结合当地栽培制度,因地制宜尽可能采用轮作倒茬,避免麦类多年连作,既有利于作物生长,又可显著减轻麦类害螨危害。麦收后浅耕灭茬,早深耕,冬春合理进行麦田灌溉,及时增施速效肥以促进麦株恢复生长,也可减轻危害。

(2)药剂防治。在麦类黄矮病流行区结合防蚜避病于麦类播种时进行种子处理和颗粒剂盖种,对害螨也有明显控制效果。害螨初盛期田间喷药进行防治,可选用3%印楝素乳油1 000~3 000倍液、1.8%阿维菌素乳油4 000~6 000倍液、15%哒螨灵乳油2 000倍液、2.5%氯氟氰菊酯乳油2 500倍液、20%哒螨灵可湿性粉剂2 000倍液、73%炔螨特乳油2 000~3 000倍液或5%虱螨脲悬浮剂2 000倍液等喷雾。

害螨

A.麦圆叶爪螨　B.麦岩螨

第四章　荞麦虫害

1. 西伯利亚龟象

学名： *Rhinoncus sibiricus*

分类： 鞘翅目象甲科

分布： 国外分布于俄罗斯、日本、朝鲜、蒙古国等，国内分布于北方荞麦产区。

寄主： 主要危害荞麦、甜菜、蓼科杂草。

形态特征： 成虫体长 1.8 ～ 3.1 mm，卵圆形，暗灰色，头部隐藏于前胸之下，前胸背板中央与后缘有两线相互垂直。在鞘翅背面基部中央有 1 个灰白色长斑。足棕褐色，各足腿节均膨大。幼虫体长 4 ～ 7 mm，乳黄色，头褐色，全身褶皱有细毛。蛹体长 3 ～ 5 mm，离蛹，淡黄色。

生活习性及危害特点： 成虫有假死习性，善跳跃，能做短距离飞行。在内蒙古赤峰市翁牛特旗于 5 月末始见越冬成虫，6 月上旬开始危害刚出苗的荞麦子叶，导致受害幼苗死亡。6 月初到下旬开始交配产卵。7 月上旬幼虫开始蛀茎危害，由茎基部蛀入荞麦茎部自下而上在髓部危害，导致发育缓慢、生长受阻，严重的甚至整株死亡。7 月中旬是幼虫危害盛期，同时伴有部分成虫继续危害荞麦叶片。7 月下旬出现害虫的蛹。根据 8 月 13 日在现场取样和系统调查，成虫危害依然较严重，但幼虫和蛹的数量很少。9 月 7 日取样调查，尚有较多成虫危害，但蛹的数量非常少。据文献记载，西伯利亚龟象以成虫在根茎部位 3 cm 土中越冬。危害导致的产量损失在 17% ～ 40%。成虫主要取食叶片，但随着荞麦生长，花期成虫也取食花蕾，在花蕾基部钻食，部分成虫在花蕾顶部咬食花冠，幼虫蛀茎。

防治方法：

（1）农业防治。大面积轮作倒茬，可有效减轻危害。种植苜蓿既可增加绿肥改良土壤，又可有效控制西伯利亚象对荞麦的危害。及时清除枯茬杂草，秋翻土地，可降低越冬基数。适时提早或延后播期，可减轻危害。

（2）药剂防治。高效氯氰菊酯混合有机磷农药，比例为 2：3，效果很好。10% 吡虫啉可湿性粉剂混合 2.5% 高效氯氟氰菊酯乳油，比例为 2：3，成虫刚出土时，可单独用吡虫啉或溴氰菊酯喷洒田埂、田边杂草。

西伯利亚龟象

A. 成虫取食叶片 B、C. 幼虫蛀茎危害 D. 卵 E. 蛹 F. 成虫

2. 双斑长跗萤叶甲

学名： *Monolepta hieroglyphica*

分类： 鞘翅目叶甲科

分布： 全国各地均有分布。

寄主： 主要危害荞麦、粟（谷子）、高粱、大豆、花生、玉米、马铃薯、向日葵等。

形态特征： 成虫体长 3.6 ～ 4.8 mm，宽 2 ～ 2.5 mm，长卵形，棕黄色，具光泽，触角 11 节丝状，端部色黑，触角长度为体长的 2/3；小盾片黑色呈三角形；鞘翅布有线状细刻点，每个鞘翅基半部具 1 块近圆形淡色斑，四周黑色，淡色斑后外侧多不完全封闭，其后面黑色带纹向后突伸成角状。两翅后端合为圆形，后足胫节端部具 1 根长刺，腹管外露。卵椭圆形，长 0.6 mm，初棕黄色，表面具网状纹。幼虫体长 5 ～ 6 mm，白色至黄白色，体表具瘤和刚毛，前胸背板颜色较深。蛹长 2.8 ～ 3.5 mm，宽 2 mm，白色，表面具刚毛。

生活习性及危害特点： 在河北、山西 1 年生 1 代，以卵在土中越冬。翌年 5 月开始孵化。幼虫共 3 龄，在 3 ～ 8 cm 深的土中活动或取食作物根部及杂草。7 月初始见成虫，一直延续到 10 月，初羽化的成虫喜在地边、沟旁、路边的苍耳、刺菜、红蓼上活动，约经 15 d 转移到豆类、玉米、高粱、谷子、杏树、苹果树上危害，7 ～ 8 月进入危害盛期。成虫有群集性和弱趋光性，在一株上自上而下地取食，日光强烈时常隐蔽在下部叶背或花穗中。成虫飞翔力弱，一般只能飞 2 ～ 5 m，早晚气温低于 8℃或风雨天喜躲藏在植物根部或枯叶下，气温高于 15℃时成虫活跃，成虫羽化后经 20 d 开始交尾，把卵产在田间或菜园附近草丛中的表土下或杏、苹果等叶片上。

双斑萤叶甲成虫取食叶肉，残留网状叶脉或将叶片吃成孔洞，还可咬食谷子、高粱的花药，玉米的花丝以及刚灌浆的嫩粒。

防治方法：

（1）农业防治。及时铲除田边、地埂、渠边杂草，秋季深翻灭卵，均可减轻受害。

（2）药剂防治。发生严重的田块，可喷洒 50% 辛硫磷乳油 1 500 倍液，每亩喷稀释药液 50 L。干旱地区可选用 27% 杀螟丹粉剂，每亩用药 2 kg，采收前 7 d 停止用药。

双斑长跗萤叶甲

A. 田间危害状　　B. 成虫　　C. 幼虫

3. 中华稻蝗

学名： *Oxya chinensis*

分类： 直翅斑腿蝗科

分布： 分布较广，北起黑龙江，南至广东，尤其南方分布十分广泛。

寄主： 主要危害水稻、玉米、高粱、甘蔗、豆类、荞麦等多种农作物。

形态特征： 雌成虫体长 36 ~ 44 mm，雄成虫体长 30 ~ 33 mm。全身绿色或黄绿色，左右两侧有暗褐色纵纹，从复眼向

中华稻蝗成虫

后，直到前胸背板的后缘。头部较小，颜面明显向后下方倾斜，而头顶向前突出成锐角。触角呈丝状，短于身体而长于前足腿节，由 20 节组成。胸部呈马鞍形。前胸背板的中隆线较低。股节上侧内缘具刺 9 ~ 11 个，刺间距彼此相等。腹部由 11 节组成。卵块颇似半个花生，呈黄褐色，每块含卵 35 粒左右，卵呈长椭圆形，黄色，长 3.6 ~ 4.5 mm。

生活习性及危害特点： 中华稻蝗每 1 年发生 1 代，卵在 5 月上旬开始孵化，蝗蝻蜕皮 5 次，至 7 月中下旬羽化为成虫。再经半月，雌雄开始交配。卵在雌蝗阴道内受精，雌蝗产出的受精卵形成卵块，一生可产 1 ~ 3 个卵块。以卵在田埂及其附近荒草地的土中越冬。越冬卵于翌年 3 月下旬至清明前孵化，1 ~ 2 龄若虫多集中在田埂或路边杂草上；3 龄开始趋向农田，取食叶片，食量渐增；4 龄起食量大增，且能咬茎和谷粒，至成虫时食量最大。6 月出现第一代成虫。在稻田取食的成虫多产卵于稻叶上，常把两片或数片叶胶粘在一起，于叶苞内结黄褐色卵囊，产卵于卵囊中；若产卵于土中，常选择低湿、有草丛、向阳、土质较松的田间草地或田埂等处造卵囊产卵，卵囊入土深度为 2 ~ 3 cm。第二代成虫羽化盛期为 9 月中旬，10 月中旬产卵越冬。以成、若虫咬食叶片，咬断茎秆和幼芽，被害叶片成缺刻，严重时被吃光，也能咬坏穗颈和乳熟的谷粒。

防治方法：

（1）农业防治。充分开发利用农田附近荒地，消除稻蝗的繁殖场所是防治稻蝗的根本措施。早春结合修田埂，铲除田埂 3.3 cm 深的草皮，晒干或沤肥，以杀死蝗卵。

（2）药剂防治。田间蝗蝻发生时，3 龄前若虫集中在田边杂草上时，选用 90% 敌百虫可溶粉剂 700 倍液、80% 敌敌畏乳油 800 倍液或 5% 高效氯氰菊酯乳油 2 500 倍液喷雾防治。

4. 短额负蝗

学名： *Atractomorpha sinensis*

分类： 直翅目锥头蝗科

分布： 全国均有分布。

寄主： 除危害水稻、小麦、玉米、烟草、棉花、芝麻、麻类、荞麦外，还危害甘薯、甘蔗、白菜、甘蓝、萝卜、豆类、茄子、马铃薯等各种农作物及园林植物。

短额负蝗成虫

形态特征： 成虫体长 20 ～ 30 mm，绿色（夏型）或褐色（冬型）。头尖削，夏型自复眼起向斜下有一条粉红纹，与前、中胸背板两侧下缘的粉红纹衔接；体表有浅黄色瘤状突起；后翅基部红色，端部淡绿色；前翅长度超过后足腿节端部约 1/3。卵长 2.9 ～ 3.8 mm，长椭圆形，黄褐色至深黄色，卵壳表面呈鱼鳞状花纹。若虫共 5 龄，1 龄若虫体草绿色稍带黄色，前、中足褐色，全身布满颗粒状突起；2 龄若虫体色逐渐变绿，前、后翅芽可辨；3 龄若虫前胸背板稍凹以至平直，翅芽肉眼可见；4 龄若虫前胸背板后缘中央稍向后突出，后翅芽在外侧盖住前翅芽，开始合拢于背上；5 龄若虫前胸背面向后方突出较大，形似成虫，翅芽增大到盖住腹部第 3 节或稍超过。

生活习性及危害特点： 在华北 1 年发生 1 代，江西 1 年发生 2 代，以卵在沟边土中越冬。5 月下旬至 6 月中旬为孵化盛期，7 ～ 8 月羽化为成虫。喜栖于地被多、湿度大、双子叶植物茂密的环境，在灌渠两侧发生多。

防治方法：

（1）农业防治。人工捕杀；发生严重地区，在秋季、春季铲除田埂、地边杂草，翻耕土壤使卵块暴露于地面，将其晒干或冻死，也可重新加厚地埂，增加盖土厚度，使孵化后的蝗蝻不能出土。

（2）化学防治。在测报基础上，抓住初孵蝗蝻在田埂、渠堰集中危害双子叶杂草且扩散能力极弱的时期，每亩喷施 4% 敌·马粉剂 1.5 ～ 2.0 kg，也可用 20% 速灭杀丁乳油 15 mL，还可选用溴氰菊酯、高效氯菊酯等。

（3）生物防治。保护利用麻雀、青蛙、寄生蝇等天敌。

5. 亚洲飞蝗

学名： *Locusta migratoria*

分类： 直翅飞蝗科

分布： 主要分布在新疆、青海、甘肃、内蒙古、东北等地区的草地上，其分布区海拔高度一般在200～500 m，最高分布可达2 500 m。

寄主： 主要以禾本科和莎草科植物为食，喜食玉米、大麦、小麦、燕麦和荞麦等作物。

亚洲飞蝗成虫

形态特征： 亚洲飞蝗体色随环境的变化而变化，一般呈绿色、黄绿色或灰褐色等。群居型成虫头部较宽，复眼较大；前胸背板略短，沟前区明显缩狭，沟后区较宽平。前胸背板中隆线较平直；前缘近圆形，后缘呈钝圆形；前翅较长，远超过腹部末端，后足胫节淡黄色，体呈黑褐色且较固定；雄性前翅长43～55 mm，雌性53～61 mm；后足股节长，雄性21～26 mm，雌性24～31 mm。散居性成虫头部较狭，复眼较小；前胸背板稍长，沟前区不明显缩狭，沟后区略高，不呈鞍状，前胸背板中隆线呈弧状隆起，呈屋脊状；前胸背板前缘为锐角形向前突出，后缘呈直角形，前翅较短，略超过腹部尾端，后足股节常呈淡红色。

生活习性及危害特点： 亚洲飞蝗1年发生1代，以卵在土中越冬，发生时期随年份不同和地区等环境条件的变化而有较大的差异。在内蒙古一般卵孵化期在5月上中旬至5月下旬，蝗蝻期发育30～40 d，6月中下旬开始羽化，7月中下旬开始产卵，8月初为产卵盛期，成虫可活到9月中下旬。亚洲飞蝗的适生环境多数是洼地或湖沼。

防治方法：

（1）农业防治。兴修水利，稳定湖河水位，大面积垦荒种植，减少蝗虫发生基地。植树造林，改善蝗区小气候，消灭飞蝗产卵繁殖场所。因地制宜种植亚洲飞蝗不食的作物，如甘薯、马铃薯、麻类等，断绝飞蝗的食物来源。

（2）药剂防治。要根据亚洲飞蝗发生的面积和密度，做好飞机防治与地面机械防治相结合，全面扫残与重点挑治相结合，夏蝗重治与秋蝗扫残相结合，准确掌握蝗情，歼灭蝗蝻于3龄以前，每公顷用50%马拉硫磷乳油900～1 350 mL、40%乐果乳油750～1 050 mL或25%敌·马乳油2 250～3 000 mL。

6. 小绿叶蝉

学名： *Empoasca flavescens*

分类： 同翅目叶蝉科

分布： 全国各地广泛分布。

寄主： 主要危害小麦、燕麦、荞麦、蔬菜、马铃薯、甜菜等多种农林、经济作物。

形态特征： 成虫体长 3.3～3.7 mm，淡黄绿至绿色，复眼灰褐色至深褐色，无单眼，触角刚毛状，末端黑色；前胸背板、小盾片浅鲜绿色，常具白色斑点；前翅半透明，略呈革质，淡黄白色，周缘具淡绿色细边，后翅透明膜质；各足胫节端部以下淡青绿色，爪褐色，跗节3节，后足跳跃足。卵长椭圆形，略弯曲，长径 0.6 mm，短径 0.15 mm，乳白色。若虫体长 2.5～3.5 mm，与成虫相似。

生活习性及危害特点： 1 年发生 4～6 代，以成虫在落叶、杂草或低矮绿植中越冬。翌春桃、李、杏发芽后出蛰，飞到树上刺吸汁液，经取食后交尾产卵，卵多产在新梢或叶片主脉里。卵期 5～20 d，若虫期 10～20 d，非越冬成虫寿命 30 d，完成 1 个世代 40～50 d。因发生期不整齐致世代重叠。6 月虫口数量增加，8～9 月发生数量最多且危害重。成、若虫喜白天活动，在叶背刺吸汁液或栖息，被害叶初现黄白色斑点渐扩成片，严重时全叶苍白早落。

防治方法：

（1）农业防治。成虫出蛰前清除落叶及杂草。

（2）药剂防治。在越冬代成虫迁入后，各代若虫孵化盛期及时喷洒 20%异丙威乳油 800 倍液、50%抗蚜威超微可湿性粉剂 3 000～4 000 倍液、10%吡虫啉可湿性粉剂 2500 倍液、20%扑虱灵乳油 1 000 倍液、40%杀扑磷乳油 1 500 倍液、2.5%高效氟氯氰菊酯乳油 2000 倍液或 35%乳油 2 000～3 000 倍液。

小绿叶蝉

A. 若虫　B. 成虫

7. 大青叶蝉

学名： *Cicadella viridis*

分类： 同翅目叶蝉科

分布： 各国各地广泛分布

寄主： 主要危害麦类、高粱、玉米、豆类、花生、薯类、蔬菜、果树及杂草等。

形态特征： 雌成虫体长 9.4～10.1 mm，雄成虫体长 7.2～8.3 mm；前胸背板淡黄绿色，后半部深青绿色；小盾片淡黄绿色，中间横刻痕较短，不伸达边缘；前翅绿色带有青蓝色泽，前缘淡白色，端部透明，翅脉为青黄色，具有狭窄的淡黑色边缘；后翅烟黑色，半透明；腹部背面蓝黑色，两侧及末节淡为橙黄色带有一些烟黑色，胸、腹部腹面及足为橙黄色。卵为白色，微黄，长卵圆形，中间微弯曲，一端稍细，表面光滑。初孵若虫白色，微带黄绿色，复眼红色；2～6 h 后，体色渐变淡黄、浅灰或灰黑色；3 龄后出现翅芽；老熟若虫体长 6～7 mm，头冠部有 2 个黑斑，胸背及两侧有 4 条褐色纵纹直达腹端。

生活习性及危害特点： 在寄主叶面或嫩茎上常见若虫群集危害，偶然受惊便逃逸。若虫孵出 3 d 后大多由原来产卵寄主植物上，转移到矮小的寄主如禾本科农作物上危害。第 1 代若虫期 43.9 d，第 2、3 代若虫期平均为 24 d。成虫趋光性很强。各地的世代有差异，从吉林 1 年发生 2 代而至江西 1 年发生 5 代；在甘肃、新疆、内蒙古 1 年发生 2 代，各代发生期为 4 月下旬至 7 月中旬、6 月中旬至 11 月上旬；河北以南各省份 1 年发生 3 代，各代发生期为 4 月上旬至 7 月上旬、6 月上旬至 8 月中旬、7 月中旬至 11 月中旬。以成虫和若虫危害叶片，刺吸汁液，造成褪色、畸形、卷缩，甚至全叶枯死。此外，还可传播病毒病。

防治方法： 参照小绿叶蝉。

大青叶蝉

A. 若虫　B. 成虫

8. 斑须蝽

学名： *Dolycoris baccaram*

分类： 半翅目蝽科

分布： 国外分布于阿联酋、阿拉伯、叙利亚、土耳其、中亚、朝鲜、日本、俄罗斯、印度等国家和地区；国内分布于全国各地，

寄主： 主要危害麦类、水稻、大豆、玉米、谷子、麻类、甜菜、荞麦、苜蓿、杨、柳、高粱等植物。

形态特征： 成虫体长 8 ~ 13.5 mm，宽约 6 mm，椭圆形，黄褐或紫色，密被白绒毛和黑色小刻点；触角黑白相间；喙细长，紧贴于头部腹面。小盾片末端钝而光滑，黄白色。

生活习性及危害特点： 内蒙古 1 年发生 2 代，以成虫在田间杂草、枯枝落叶、植物根际、树皮及屋檐下越冬。4 月初开始活动，4 月中旬交尾产卵，4 月底至 5 月初幼虫孵化，第 1 代成虫 6 月初羽化，6 月中旬为产卵盛期；第 2 代于 6 月中下旬至 7 月上旬幼虫孵化，8 月中旬开始羽化为成虫，10 月中上旬陆续越冬。卵多产在作物上部叶片正面或花蕾、果实的苞片上，多行整齐排列。初孵若虫群集危害，2 龄后扩散危害。成虫和若虫刺吸嫩叶、嫩茎及穗部汁液。茎叶被害后，出现黄褐色斑点，严重时叶片卷曲，嫩茎凋萎，影响生长，造成减产。

防治方法：

（1）农业防治。清除田间及四周杂草，集中烧毁或沤肥，深翻地。合理轮作，水旱轮作最好。选用抗虫品种，选用无病、包衣的种子。育苗移栽，播种后用药土覆盖，移栽前喷施一次除虫灭菌的混合药。及时排水降低田间湿度。合理密植，增加田间通风透光度。

（2）化学防治。可选用 20% 灭多威乳油 1 500 倍液、90% 敌百虫晶体 1 000 倍液、50% 辛硫磷乳油 1 000 倍液、5% 顺式氯氰菊酯乳油 1 000 倍液、2.5% 敌杀死乳油 1 000 倍液、2.5% 鱼藤酮乳油 1 000 倍液、2.5% 高效氯氟氰菊酯乳油 1 000 倍液、5% 氟虫晴悬浮剂 2 000 ~ 3 000 倍液或 25% 噻虫嗪乳剂 6 000 ~ 8 000 倍液等药剂喷雾。

斑须蝽成虫

A. 成虫　B. 若虫

9. 绿盲蝽

学名：*Lygocoris lucorum*

分类：半翅目盲蝽科

分布：全国各地均有分布。

寄主：主要危害棉花、桑、麻类、豆类、玉米、马铃薯、荞麦、花卉、蔬菜等。

形态特征：成虫体长 5 mm，绿色，密被短毛。前胸背板深绿色，布许多小黑点，前缘宽。小盾片三角形微突，黄绿色，中央具 1 浅纵纹。前翅绿色，膜片半透明暗灰色。足黄绿色，后足腿节末端具褐色环斑。卵长 1 mm，黄绿色，长口袋形，卵盖奶黄色，中央凹陷，两端突起，边缘无附属物。若虫 5 龄，与成虫相似。初孵时绿色，2 龄黄褐色，3 龄出现翅芽，4 龄翅芽超过第 1 腹节，2 ～ 4 龄触角端和足端黑褐色，5 龄后全体鲜绿色。

生活习性及危害特点：北方 1 年发生 3 ～ 5 代，运城 4 代，陕西泾阳、河南安阳 5 代，江西 6 ～ 7 代，绿盲蝽以卵在枯枝、杂草、粗皮裂缝内越冬。成虫喜阴湿、怕干旱、善飞翔，行动活泼。翌年春天 3 ～ 4 月卵开始孵化。成虫寿命长，产卵期 30 ～ 40 d，发生期不整齐。成、若虫刺吸荞麦顶芽、嫩叶、花蕾，叶片受害后形成大量破孔、皱缩不平。

防治方法：

（1）农业防治。每年 3 月以前结合施基肥除去田埂、路边的杂草，消灭越冬卵，收割绿肥不留残茬，翻耕绿肥时全部埋入地下，减少转移的虫量。科学合理施肥，控制作物旺长。

（2）化学防治。抓住关键期，即第 1 代若虫孵化期（4 月下旬）、第 2 代若虫孵化期（5 月下旬）、第 2 代成虫羽化前（6 月上旬），将该虫消灭在孵化期和成虫羽化及转主危害之前。药剂可选用 2.5% 溴氰菊酯乳油稀释 3 000 倍液或 20% 氰戊菊酯乳油稀释 3 000 倍液等，每隔 5 ～ 7 d 喷 1 次。

绿盲蝽

A. 若虫　B、C. 成虫

10. 牧草盲蝽

学名： *Lygus pratenszs*

分类： 半翅目盲蝽科

分布： 东北、华北、西北地区均有分布。

寄主： 主要危害棉花、苜蓿、蔬菜、果树、麻类、燕麦、荞麦等植物。

形态特征： 成虫体长 6.5 mm，宽 3.2 mm。春夏体色青绿色，秋冬棕褐色，头部略呈三角形，头顶后缘隆起，复眼黑色突出，触角 4 节丝状，第 2 节长度等于第 3 节与第 4 节长度之和，喙 4 节。前胸背板上具橘皮状点刻，两侧边缘黑色，后缘生 2 条黑横纹，背面中前部具黑色纵纹 2～4 条，小盾片三角形，基部中央、革片顶端。前翅膜片透明，脉纹在基部形成 2 翅室。足黄褐色，具 3 个跗节，爪 2 个。卵长卵形，长 1.5 mm，浅黄绿色，卵盖四周无附属物。若虫与成虫相似，黄绿色，前胸背板中部两侧和小盾片中部两侧各具黑色圆点 2 个；腹部背面第 3 腹节后缘有 1 个黑色腺囊，构成体背 5 个黑色圆点。

生活习性及危害特点： 北方 1 年发生 3～4 代，以成虫在杂草、枯枝落叶、土石块下越冬。翌年春天寄主发芽后出蛰活动，喜欢在嫩叶、嫩茎、花蕾上刺吸汁液，取食一段时间后开始交尾、产卵，卵多产在嫩茎、叶柄、叶脉或芽内，卵期约 10 d。若虫共 5 龄，经 30 d 羽化为成虫。成虫喜白天活动，早、晚取食最盛，活动迅速，善于隐蔽。成、若虫刺吸嫩芽、幼叶汁液，幼嫩组织受害后初现黑褐色小点，后变黄枯萎，展叶后出现穿孔、破裂或皱缩变黄。

防治方法： 参照绿盲蝽。

牧草盲蝽

A. 成虫　B. 若虫

11. 苜蓿盲蝽

学名：*Adelphocoris lineolatus*

分类：半翅目盲蝽科

分布：主要分布于甘肃、河北、山西、陕西、山东、河南、江苏、湖北、四川、内蒙古等省份。

寄主：主要危害苜蓿、草木樨、马铃薯、豌豆、菜豆、玉米、南瓜、大麻、棉花、燕麦、荞麦等。

形态特征：成虫体长 7.5 ~ 9 mm，宽 2.3 ~ 2.6 mm，黄褐色，被细毛。头

苜蓿盲蝽成虫

顶三角形，褐色，光滑，复眼扁圆，黑色，喙 4 节，端部黑色，后伸达中足基节。触角丝状，细长。前胸背板绿色，胝区隆突，黑褐色，其后有黑色圆斑 2 个或不清楚。小盾片突出，有黑色纵带 2 条。前翅黄褐色，前缘具黑边，膜片黑褐色。足细长，股节有黑点，胫基部有小黑点。卵长 1.3 mm，浅黄色，香蕉形，卵盖有 1 个指状突起。若虫黄绿色具黑毛，眼紫色，腺囊口"八"字形。

生活习性及危害特点：北京和新疆 1 年发生 3 代，山西、陕西、河南 3 ~ 4 代，以 4 代居多，南京 4 ~ 5 代，河南 3 ~ 4 代，湖北 4 代。以卵在草枯茎组织内越冬。越冬卵 4 月上旬孵出第 1 代若虫，成虫于 5 月上旬开始羽化。第 2 代若虫 6 月上旬出现，成虫 6 月下旬开始羽化，第 3 代若虫 7 月下旬孵出，若虫于 10 月中旬全部结束，第 3 代成虫 8 月中下旬羽化，9 月中旬成虫在越冬寄主上产卵越冬。多在夜间产卵，夏季第 1、2 代成虫产卵，多在植株上部，秋季第 3 代成虫则常产在茎秆下部近根的地方。1 ~ 3 代雌虫产卵量，以第 1 代最多，为 78.5 ~ 199.8 粒，第 3 代产卵量最小，仅 20.2 ~ 43.7 粒。成、若虫刺吸嫩芽幼叶及叶片汁液，幼嫩组织受害后初现黑褐色小点，后变黄枯萎，展叶后出现穿孔、破裂或皱缩变黄。

防治方法：发生初期喷洒 4.5% 高效氯氰菊酯乳油 1 500 ~ 2 000 倍液、2.5% 溴氰菊酯乳油 2 000 倍液或 20% 甲氰菊酯乳油 2 000 倍液等药剂。

12. 三点盲蝽

学名： *Adelphocoris fasciaticollis*

分类： 半翅盲目蝽科

分布： 主要分布于黑龙江、内蒙古、新疆、江苏、安徽、江西、湖北、四川等省份。

寄主： 主要危害棉花、芝麻、大豆、玉米、高粱、小麦、燕麦、番茄、荞麦、苜蓿、马铃薯等。

形态特征： 成虫体长 7 mm 左右，黄褐色。触角与身体等长，前胸背板紫色，后缘具 1 条黑横纹，前缘具 2 个黑斑，小盾片及两个楔片具 3 个明显的黄绿三角形斑。卵长 1.2 mm，茄形，浅黄色。若虫黄绿色，密被黑色细毛，触角第 2～4 节基部淡青色，有赤红色斑点。

三点盲蝽成虫

生活习性及危害特点： 1 年发生 3 代。以卵在洋槐、加拿大杨树、柳、榆及杏树树皮内越冬，卵多产在疤痕处或断枝的松软部位。第 2 代卵期 10d 左右，若虫期 16 d，7 月中旬羽化，成虫寿命 18 d。第 3 代卵期 11 d，若虫期 17 d，8 月下旬羽化，成虫寿命 20 d，后期世代重叠。成虫多在夜间产卵，成、若虫刺吸嫩芽、幼叶汁液危害。

防治方法： 参见绿盲蝽。

13. 赤须盲蝽

学名： *Trigonotylus ruficornis*

分类： 半翅目盲蝽科

分布： 主要分布于北京、河北、内蒙古、黑龙江、吉林、辽宁、山东、河南、江苏、江西、安徽、陕西、甘肃、青海、宁夏、新疆等省份。

寄主： 主要危害谷子、糜子、高粱、玉米、麦类、水稻、甜菜、芝麻、大豆、荞麦、苜蓿、棉花等作物。赤须盲蝽还是重要的草原害虫，危害禾本科牧草和饲料作物。

形态特征： 成虫身体细长，长 5 ～ 6 mm，宽 1 ～ 2 mm，细长，鲜绿色或浅绿色，头部略成三角形。触角 4 节，喙 4 节，黄绿色，顶端黑色，伸向后足基节处。前胸背板梯形，具暗色条纹 4 条。前翅略长于腹部末端，革片绿色，膜片白色，半透明，长度超过腹端。后翅白色透明。足黄绿色，胫节末端和跗节黑色，跗节 3 节，爪黑色。卵粒口袋状，长约 1 mm，卵盖上有不规则突起。初为白色，后变黄褐色。若虫 5 龄，末龄幼虫体长约 5 mm，黄绿色，触角红色。头部有纵纹，小盾板横沟两端有凹坑。足胫节末端、跗节和喙末端黑色。

生活习性及危害特点： 华北地区 1 年发生 3 代，以卵越冬。翌年第 1 代若虫于 5 月上旬进入孵化盛期，5 月中下旬羽化。第 2 代若虫 6 月中旬盛发，6 月下旬羽化。第 3 代若虫于 7 月中下旬盛发，8 月下旬至 9 月上旬，雌虫在杂草茎叶组织内产卵越冬。成虫产卵期较长，有世代重叠现象。每次产卵 5 ～ 10 粒。初孵若虫在卵壳附近停留片刻后，便开始活动取食。成虫在 9：00 ～ 17：00 这段时间活跃，夜间或阴雨天多潜伏在植株中下部叶背面。成虫、若虫在寄主叶片、穗上刺吸汁液危害。

防治方法： 参见绿盲蝽。

赤须盲蝽成虫

14. 荞麦钩翅蛾

学名： *Spica parallelangula*

分类： 鳞翅目钩蛾科

分布： 陕西、宁夏、新疆、甘肃、云南。

寄主： 主要危害荞麦、大黄、扁蓄、酸模、叶蓼等蓼科植物。

荞麦钩翅蛾成虫

形态特征： 成虫体长 10 ～ 13 mm，翅展 30 ～ 36 mm。头部、胸部腹部及前翅均为淡黄色，肾形纹明显，顶角部呈钩状突出，从顶角向后有一条黄褐斜线，有 3 条向外弯曲的 V 形黄褐线。后翅黄白色。中足胫节有 1 对距，后足胫节有 2 对距。卵椭圆形、扁平，表面颗粒状，卵块表面有一层白色绒毛。幼虫体长 20 ～ 30 mm，污白色，背面有淡褐色宽带，有腹足 4 对，尾足 1 对，有少数趾钩。蛹体长约 11 mm，红褐色，梭形，两端尖，臀棘 4 根。

生活习性及危害特点： 在陕西、宁夏、甘肃等地 1 年发生 1 代，以蛹越冬。在陕西北部，6 月下旬至 8 月中旬为成虫羽化期，7 月中旬最盛。成虫寿命 10 ～ 15 d。羽化后即行交尾产卵，7 月下旬至 8 月上旬为产卵期，卵期 7 ～ 10 d。8 月上、中旬进入孵化盛期，幼虫期 25 ～ 28 d，幼虫共 5 龄，老熟幼虫入土化蛹越冬，盛期在 9 月中、下旬。成虫昼伏夜出，白天在荞麦叶背栖息，晚上取食、补充营养、交配、产卵，午夜时分停止活动。卵集中产于植株第 3 ～ 5 片真叶背面，卵粒圆形，块产，每块 30 ～ 50 粒不等，最多每块可达 130 多粒。成虫具很强的趋光性。初孵幼虫集中于卵块附近活动；2 龄后分散危害，取食叶肉及下表皮，残留上表皮，呈窗膜状和孔洞；3 龄后食量猛增，沿叶缘吐丝将叶片卷成饺子形，白天隐藏其中，夜晚危害，黎明时分停止取食，再行卷叶隐藏。幼虫不仅危害叶片，还危害花和籽粒，对产量和品质影响很大。老熟幼虫入土后在 5 ～ 25 cm 土中作室化蛹越冬。

防治方法：

（1）害虫预测预报。利用荞麦钩翅蛾的趋光性，在荞麦集中成片地区架设黑光灯诱集成虫，通过聚集数量、雌蛾抱卵量和卵发育情况，指导防治工作。

（2）药剂防治。尽量选用植物源、矿物源或微生物杀虫剂，如 Bt 杀虫剂，避免危及蜜源昆虫和农药残留问题产生。聚集暴发时，可选用阿维菌素等无公害杀虫剂，迅速控制害虫，把损失降到最低。

15. 斜纹夜蛾

学名： *Spodoptera litura*

分类： 鳞翅目夜蛾科

分布： 除青海、新疆外，在我国广泛分布。

寄主： 甘薯、棉花、大豆、烟草、甜菜、荞麦及十字花科、茄科等近 100 科 300 多种植物。

形态特征： 成虫体长 14 ～ 21 mm，翅展 37 ～ 42 mm。前翅灰褐色，前部呈白色，后部呈黑色，环状纹和肾状纹之间有 3 条白线组成明显的斜纹，自翅基部向外缘还有 1 条白纹。后翅白色，外缘暗褐色。卵半球形，直径约 0.5 mm；初产时黄白色，孵化前呈紫黑色，表面有脊纹，常 10 ～ 100 粒形成卵块，外覆黄褐色绒毛。幼虫一般 6 龄，夏秋虫口密度大时体瘦，黑褐或暗褐色；老熟幼虫体长近 50 mm，头黑褐色，体色多变，一般为暗褐色，或呈土黄色、褐绿色至黑褐色，背线和亚背线呈黄色，在亚背线内侧各节均有 1 块近半月形或似三角形的黑斑。蛹长 18 ～ 20 mm，长卵形，红褐至黑褐色，腹末具发达的臀棘 1 对。

发生规律及危害特点： 1 年发生 4 ～ 5 代。以蛹在土下 3 ～ 5 cm 处越冬。成虫白天潜伏在叶背或土缝等阴暗处，夜间出来活动。每头雌蛾能产卵 3 ～ 5 块，每块约有卵粒 100 ～ 200 个，卵多产在叶背的叶脉分叉处，经 5 ～ 6 d 就能孵出幼虫，初孵时聚集叶背，4 龄以后和成虫一样，白天躲在叶下土表处或土缝里，傍晚后爬到植株上取食叶片。成虫有强烈的趋光性和趋化性。斜纹夜蛾主要以幼虫危害，3 龄后分散危害叶片、嫩茎，老龄幼虫可蛀食果实。

防治方法：

（1）农业防治。清除杂草，摘除卵块和群集危害的初孵幼虫。

（2）理化诱控。黑光灯诱杀或糖醋液诱杀。

（3）药剂防治。可选用斜纹夜蛾核型多角体病毒 200 亿 PIB/g 水分散粒剂 12 000 ～ 15 000 倍液、21% 氰戊·马拉松乳油 6 000 ～ 8 000 倍液、50% 氰戊菊酯乳油 4 000 ～ 6 000 倍液、20% 氰·马乳油 2 000 ～ 3 000 倍液、2.5% 联苯菊酯乳油 4 000 ～ 5 000 倍液或 20% 甲氰菊酯乳油 3 000 倍液等药剂 2 ～ 3 次，隔 7 ～ 10 d 喷 1 次。

斜纹夜蛾

A. 成虫　　B、C. 幼虫　　D. 蛹

16. 白粉虱

学名： *Trialeurodes vaporariorum*

分类： 半翅目粉虱科

分布： 白粉虱是一种世界性害虫。该虫 1975 年在北京发现后遍布全国，是保护地作物的重要害虫。

寄主： 主要危害黄瓜、菜豆、茄子、番茄、辣椒、冬瓜、豆类、莴苣、白菜、芹菜、大葱等蔬菜，还能危害花卉、果树、药材、牧草、烟草、荞麦、燕麦等 600 多种植物。

白粉虱成虫

形态特征： 成虫体长 1.4 ～ 4.9 mm，淡黄白色或白色，雌雄均有翅，全身披有白色蜡粉，雌虫体大于雄虫，其产卵器为针状。卵长椭圆形，长 0.2 ～ 0.25 mm，初产淡黄色，后变为黑褐色，有卵柄，产于叶背。若虫椭圆形、扁平；淡黄或深绿色，体表有长短不齐的蜡质丝状突起。蛹椭圆形，长 0.7 ～ 0.8 mm。中间略隆起，黄褐色，体背有 5 ～ 8 对长短不齐的蜡丝。

生活习性及危害特点： 在北方温室 1 年发生 10 余代，冬天室外不能越冬，华中以南地区以卵在露地越冬。成虫羽化后 1 ～ 3 d 可交配产卵，平均产卵 142.5 粒。也可孤雌生殖，其后代雄性。成虫有趋嫩性，在植株顶部嫩叶产卵。白粉虱繁殖适温为 18 ～ 21℃。春季随秧苗移植或温室通风移入露地。大量的成虫和若虫密集在叶片背面吸食植物汁液，使叶片萎蔫、褪绿、黄化甚至枯死，还分泌大量蜜露，引起霉污病的发生，覆盖、污染了叶片和果实，严重影响光合作用，同时白粉虱还可传播病毒，引起病毒病的发生。

防治方法：

（1）药剂防治。白粉虱在一些地区发生情况重、代数多、抗性强，是生产中经常遇到的棘手问题，特别是露地生产田，一旦掌握不好，用药后容易反复发生，所以科学用药在生产中是十分关键的技术。使用高效氯氟氰菊酯、氰戊菊酯·马拉硫磷、氯氰锌、甲氰菊酯、联苯菊酯等喷雾，一周内连续喷雾 2 ～ 3 次效果很好。目前在生产中使用较多的生物药剂有 0.12% 藻酸丙二醇、24.5% 烯啶噻啉（可杀死虫卵），持效期长，其中，30% 啶虫脒可溶液剂防治效果也很好。

（2）物理防治。可用黄色板诱杀成虫。

第五章　燕麦荞麦草害

1. 狗尾草

学名: *Setaria viridis*

英文名: Green bristlegrass

科属: 禾本科狗尾草属

生境: 生于农田、路边、荒地

分布与危害: 主要分布于东北、华北及西北地区。常见杂草,发生极为普遍。主要危害麦类、谷子、玉米、棉花、豆类、花生、薯类、蔬菜、甜菜、马铃薯等作物。

形态特征: 秆直立或基部膝曲,高 30～100cm。叶舌毛状,长 1～2mm;叶片条状披针形,长 5～30cm,宽 2～15(20)mm。圆锥花序紧密呈柱状,形似"狗尾";小穗椭圆形,3 至数枚成簇生于缩短的分枝上,基部有刚毛状小枝 1～6 条,成熟后小穗脱落,刚毛宿存;第 1 颖长为小穗的 1/3,第 2 颖与小穗等长或稍短;第 1 外稃和小穗等长,具 5～7 脉,内稃窄狭。谷粒长圆形,顶端钝,具细点状皱纹,成熟时少有肿胀。幼苗胚芽鞘呈阔披针形,紫红色,除叶鞘边缘具有长柔毛外其余均无毛。第 2 叶较第 1 叶长,叶鞘疏松裹茎,边缘具长柔毛。

生物学特性及发生规律: 一年生草本植物。种子繁殖,种子萌发的温度范围 10～38℃,适宜温度 15～30℃。种子出土适宜深度 2～5cm,土壤深层未发芽的种子可存活 10 年以上。我国北方 4～5 月出苗,随浇水或降水还会出现出苗高峰,6～9 月为花果期。单株可结数千至上万粒种子。种子借风、灌溉水及收获物进行传播。种子经越冬休眠后萌发。适生性强,耐旱,耐贫瘠,酸性或碱性土壤均可生长。

防除方法: 采用农业除草、机械除草和化学除草相结合的综合除草措施,从增强燕麦群体覆盖度的角度防除燕麦田禾本科杂草。

(1)精选种子。选用发芽快而整齐的优质种子,保障种子纯度,不掺杂任何杂草种子,确保早出苗,出齐苗,出壮苗。

(2)施足底肥,平整土地。施用腐熟的有机肥,促进燕麦种子萌发和幼苗出土。

(3)适时晚播。根据天气情况,在播种期内,适当晚播,待土壤中的杂草种子充分出芽或出苗后,除去草芽或草苗后再播种。有条件的播种前 7d 左右浇透水,没有浇水条件的田块最好等自然降雨,待土壤表层杂草种子大部分萌发后,播种前浅耕 10cm 左右或耙耱土地,除去已经萌发的杂草幼苗或幼芽。

（4）合理密植。在产量最大化的前提下，尽量密植。

（5）科学水肥管理。有条件的地块，在幼苗3～5叶期，施肥灌水，促进幼苗生长，加速封垄，以苗压草。

（6）中耕除草。在第一茬草出苗后，未封垄前有条件的进行中耕除草。

（7）药剂防治。在播后苗前，使用二甲戊灵、精异丙甲草胺等除草剂进行土壤喷雾处理。

（8）燕麦成熟后要尽早收获，收获后尽早秋耕。秋耕要深，将部分正在旺盛生长和危害且尚未成熟的杂草翻压入土，促其腐烂，降低土壤中杂草种子库的量，同时疏松土壤，接纳较多的降水，促进土壤熟化，以及诱导表土层草籽和根茎在较高温度下萌发，但幼芽随着冬季来临而被冻死。

狗尾草

A.幼苗　B.成株　C.花序　D.种子

2. 稷

学名： *Panicum miliaceum*

英文名： Wild millet

科属： 禾本科黍属

生境： 多生于旱作物地及果园、菜地、路边和休闲地。

分布与危害： 在华北、西北、东北地区分布较多，为小麦、燕麦田块的优势杂草，危害严重。

形态特征： 秆疏丛生，直立或基部膝曲，高 60 ～ 125 cm，较粗壮，扁圆形，暴露在叶鞘外面的部分密生长疣毛并常带紫色。叶片条状披针形，两面疏生长疣毛，叶鞘短于节间，密生疣毛，叶舌具小纤毛。圆锥花序宽而舒展，直立，长 10 ～ 30 cm。穗轴与分枝有角棱，棱下有毛，分枝上疏生小穗，小穗长椭圆形，含 2 花，仅 1 花结实，第 1 颖短小，先端尖，第 2 颖与小穗等长。籽粒椭圆形，成熟后黑色，有光泽。

生物学特性及发生规律： 一年生草本植物。花果期为 6 ～ 9 月。种子繁殖，种子渐次成熟落地，经冬季休眠后萌发。

防除方法： 参照狗尾草防除方法。

稷
A. 幼苗　B. 成株　C. 花序　D. 种子

3. 马唐

学名： *Digitaria sanguinalis*

英文名： Crab grass

科属： 禾本科马唐属

生境： 为旱秋作物田和果园、苗圃的主要杂草。

分布与危害： 旱地作物恶性杂草，分布于全国各地，以秦岭、淮河以北地区发生面积大。

形态特征： 茎匍匐，节处着土常生根。幼苗第1片真叶卵状披针形，叶缘具有睫毛。叶片与叶鞘之间有一不甚明显的环状叶舌，顶端齿裂，叶鞘表面密被长柔毛。第2片叶叶舌三角状，顶端齿裂。总状花序3～10枚，指状着生秆顶。小穗双生，一有柄，一无柄或有短柄。

生物学特性及发生规律： 一年生草本，苗期4～6月，花果期6～11月。种子繁殖，种子发芽的适宜温度25～35℃，适宜的土层深度1～6 cm，1～3 cm土层中的种子发芽率最高。种子随成熟随脱落，并可随风力、流水和动物活动传播扩散。

防除方法： 参照狗尾草防除方法。

马唐

A.幼苗　B.成株　C.花序　D.结处生根　E.种子

4. 虎尾草

学名： *Chloris virgata*

科属： 禾本科虎尾草属

生境： 生于农田、路旁或荒地，以沙质地居多，果园、苗圃受害较重，多群生。

分布与危害： 全国各地均有分布，是北方常见的农田杂草，主要危害旱地作物。

形态特征： 叶片线形。小穗无柄，长约 3 mm，第 1 颖长约 1.8 mm，第 2 颖等长或略短于小穗。穗状花序，第 1 小花两性，呈倒卵状披针形，芒自背部顶端稍向下伸出，长 5～15 mm。内稃膜质，略短于外稃，具 2 脊，脊上被微毛。基盘具长约 0.5 mm 的毛。第 2 小花不孕，长楔形，仅存外稃，长约 1.5 mm，顶端截平或略凹，芒长 4～8 mm，自背部边缘稍向下方伸出。颖果纺锤形，淡黄色，光滑无毛而半透明，胚长约为颖果的 2/3。

生物学特性及发生规律： 一年生草本。种子繁殖。华北地区 4～5 月出苗，花期 6～7 月，果期 7～9 月，借风力和黏附动物体传播。适应性极强，耐干旱，喜湿润，不耐淹，喜肥沃，耐瘠薄，有时形成群落，多与其他杂草混生。夏季高温多雨生长快。

防除方法： 参照狗尾草防除方法。

虎尾草

A. 幼苗　B. 花序　C. 成株　D. 种子

5. 稗

学名： *Echinochloa crus-galli*

英文名： Barnyard grass

科属： 禾本科稗属

生境： 生于水田、田边、菜园、茶园、果园、苗圃及村落住宅周围隙地。

分布与危害： 西北、东北地区分布较多。

形态特征： 秆丛生，直立或基部膝曲，高 50 ～ 130 cm。叶片条形，光滑无毛，叶鞘光滑，无叶舌。圆锥花序较开展，直立或微弯，粗壮，总状花序常具分枝，斜上或贴生。小穗含 2 花，卵圆形，长约 3 mm，有硬疣毛，密集于穗轴的一侧，颖具 3 ～ 5 脉，第 1 外稃具 57 脉，先端常有长 5 ～ 30 mm 的芒，第 2 外稃先端有小尖头，粗糙，边缘卷抱内稃。颖果卵形，米黄色。

生物学特性及发生规律： 一年生草本，种子繁殖。在旱作土层中出苗深度为 0 ～ 9 cm，0 ～ 3cm 出苗率较高。在东北、华北地区，稗草于 4 月下旬开始出苗，生长到 8 月中旬，一般在 7 月上旬开始抽穗开花，生育期 76 ～ 130 d。在上海地区 5 月上中旬出现一个发生高峰，9 月还可出现一个发生高峰。花果期 7 ～ 10 月。喜温暖、潮湿环境，适应性强。稗草在较干旱的土地上，茎亦可分散贴地生长。

防除方法： 参照狗尾草防除方法。

稗

A. 幼苗　B. 成株　C. 花序　D. 种子

6. 画眉草

学名： *Eragrostis pilosa*

英文名： Love grass

科属： 禾本科画眉草属

生境： 分布于全球温暖地区，多生于荒芜田野和农田中。

分布与危害： 黑龙江、内蒙古、北京、山东、河南、陕西、宁夏、安徽、浙江、湖北、贵州、云南、西藏、福建、台湾、海南均有分布。

形态特征： 一年生草本植物。茎秆高 15～60 cm，粗 1.5～2.5mm，4 节。叶鞘扁，疏散包茎，鞘缘近膜质，鞘口有长柔毛，叶舌为一圈纤毛，长约 0.5mm；叶无毛，线形扁平或卷缩，长 6～20cm，宽 2～3mm。圆锥花序开展或紧缩，长 10～25cm，宽 2～10cm；分枝单生、簇生或轮生，上举，腋间有长柔毛；小穗长 0.3～1cm，宽 1～1.5mm，有 4～14 朵小花；颖膜质，披针形，第 1 颖长约 1mm，无脉，第 2 颖长约 1.5mm，1 脉；外稃宽卵形，先端尖，第 1 外稃长约 1.8mm；内稃迟落或宿存，长约 1.5mm，稍弓形弯曲，脊有纤毛；雄蕊 3 枚，花药长约 0.3mm。颖果长圆形，长约 0.8mm。

生物学特性及发生规律： 种子 28℃时萌发率最高，28℃和 16℃变温条件下的萌发率比单一温度萌发率更高。一般于 5 月上旬出苗，5 月下旬出现第一次高峰，6～10 月果实成熟。画眉草具有很强的适应性和生长耐性，根系强健旺盛。在气候温暖湿润，土壤以沙壤土为主的地区画眉草可长至 1m 高。

防除方法： 参照狗尾草防除方法。

画眉草

A、B. 成株　C. 花序　D. 种子

7. 金色狗尾草

学名：*Setaria glauca*

科属：禾本科狗尾草属

生境：生于较潮湿农田、沟渠或路旁

分布与危害：广布世界各地，在我国山西晋中、晋南和晋东南分布尤为广泛。部分作物受害严重，燕麦田危害不重。

形态特征：秆直立或基部倾斜地面，并于节外生根，高 20～90 cm。叶片条形，叶面近基部处常有毛，叶鞘扁而具脊，淡红色，光滑无毛，叶舌为一圈长约 1 mm 的柔毛。圆锥花序圆柱状，直立，刚毛金黄色或稍带褐色，长达 8 mm。小穗椭圆形，含 1～2 朵小花，先端尖，通常在一簇中仅一个发育，第 1 颖长约为小穗的 1/3，第 2 颖长约为小穗的一半，有 5～7 条脉，第一外稃与小穗等长，具 5 条脉，内稃膜质，与外稃近等长。谷粒先端尖，成熟时有明显的横皱纹，背部极隆起。

生物学特性及发生规律：一年生草本，种子繁殖。性喜温湿，不耐严寒，温度降至 10℃ 以下即停止生长，逐渐枯萎，到来年春季落地休眠种子又很快萌发。花果期 6～10月。

防除方法：参照狗尾草防除方法。

金色狗尾草

A. 幼苗　B. 成株　C. 花序　D. 种子

8. 野燕麦

学名：*Avena fatua*

英文名：Wild oats

科属：禾本科燕麦属

生境：适应性强，在各种土壤条件下都能生长，旱地发生面积较大。

分布与危害：分布于我国南北各省区，以西北、东北地区危害最为严重。主要是小麦的伴生杂草，发生环境条件完全与小麦的进化保持一致，且苗期形态非常相似，难以防除，除危害小麦外，也危害燕麦、大麦、青稞、豌豆、油菜等作物。

形态特征：幼苗叶片初出时呈筒状，展开后为宽条形，稍向后扭曲，两面疏生短柔毛，叶缘有倒生短毛。可有 15～25 个分蘖，最多可达 64 个。茎直立，具 2～4 节，每株有分蘖 15～25 个，最多达 64 个。叶鞘松弛，叶舌透明膜质，叶片宽条形。花序圆锥状呈塔形，分枝轮生。小穗含 2～3 朵花，疏生，柄细长而弯曲下垂，芒长 2～4 cm。每株结籽 410～530 粒，最多达 2 600 粒，种子在土壤中持续 4～5 年均能发芽。

生物学特性及发生规律：一年生或二年生旱地杂草，适宜发芽温度为 10～20℃，低于 10℃或高于 25℃不利于萌发，气温达 35℃时萌发率低，达 40℃时基本不萌发。吸收水分达种子重量的 70% 才能发芽，土壤含水量在 15% 以下或 50% 以上不利于发芽。萌芽土层深度为 1.5～12cm，发芽深度 2～7 cm 发芽率最高，在 20 cm 以上土层中种子出苗少。种子有再休眠特性，一般第一年田间发芽率不超过 50%，在以后 3～4 年陆续出土。西北地区 3～4 月出苗，花果期 6～8 月；华北及以南地区 10～11 月出苗，花果期 5～6 月。

防除方法：参照狗尾草防除方法。

野燕麦

A. 幼苗　B、C. 花序　D. 叶舌　E. 种子

9.少花蒺藜草

学名： *Cenchrus spinifex*

英文名： Tribulus terrestris

科属： 禾本科蒺藜草属

生境： 生长在田、路边等地。

分布与危害： 原产自北美洲及热带沿海地区，辽宁、内蒙古有分布。少花蒺藜草可刮掉羊腹毛和腿毛，影响畜牧业。生命力极强，传入某一地段后能迅速繁殖，使草场品质下降，优良牧草产量降低。

形态特征： 须根分布在 5 ~ 20 cm 的土层里，具沙套。茎圆柱形中空，半匍匐状，高 30 ~ 70cm，分蘖力极强。叶条状互生。穗状花序，小穗 1 ~ 2 枚簇生成束，其外围由不孕小穗愈合而成的刺苞，刺苞近球形，长 6.2 ~ 6.8 mm，宽 4.2 ~ 5.5 mm，刺长 2.0 ~ 4.2 mm，具硬毛，淡黄色到深黄色或紫色，刺苞及刺的下部具柔毛。小穗卵形，无柄，长 4.6 ~ 4.9 mm，宽 2.5 ~ 2.8 mm，第 1 颖缺，第 2 颖与第 1 外稃均具有 3 ~ 5 条脉，外稃质硬，背面平坦，先端尖，具 5 脉，上部明显，边缘薄，包卷内稃，内稃突起，具 2 条脉，稍成脊。颖果近似球形，长 2.7 ~ 3.0 mm，宽 2.4 ~ 2.7 mm，黄褐色或黑褐色，顶端具残存的花柱，背面平坦，腹面突起，脐明显，深灰色，下方具种柄残余，胚极大，圆形，几乎占颖果的整个背面。

生物学特性及发生规律： 一年生旱生草本。种子繁殖。在整个生育区内其种子随时可以萌发，并开花结果。繁殖系数很高，平均每株结实 70 ~ 80 粒，最多可达 500 粒以上，可长成 140 ~ 160 棵植株。特别抗旱，当环境尤其是水分特别少时分蘖减少，但植株能结实，完成其生活周期。土壤中不同深度的种子遇到适宜的温度、湿度和空气时可随时萌发，繁殖，遇伏雨后较深层的种子也能迅速萌发。4 月 25 日左右，5 ~ 8 cm 土温达 3 ~ 5℃时种子开始萌发，5 月 10 日左右针叶出土，6 月 1 日左右为三叶期，6 月 20 日左右抽茎分蘖，7 月 20 日左右抽穗，8 月 5 日左右开花结实，10 月 10 日左右严霜后停止发育。

防除方法： 参照狗尾草防除方法。

少花蒺藜草（董永义 摄）

A. 成株　B. 花序　C. 群体　D. 种子

10. 藜

学名：*Chenopodium album*

科属：苋科藜属

生境：田间、路边、荒地、宅旁均有生长。

分布与危害：分布于全球温带、热带，在我国各地广泛分布。主要危害麦类、棉花、花生、玉米、谷子、高粱、豆类、薯类和蔬菜等作物，常形成单一群落。

形态特征：株高 0.4 ~ 2.0 m。茎直立，粗壮，有绿色或紫红色的条纹，多分枝。枝上升或开展。叶有长叶柄，叶片菱状卵形至披针形，长 3 ~ 6 cm，宽 2.5 ~ 5 cm，下面被粉粒，灰绿色。花两性，圆锥状花序。种子横生，双凸镜形，直径 1.2 ~ 1.5 mm，光亮，表面有不明显的沟纹及点洼，胚环形。

生物学特性及发生规律：一年生草本。种子繁殖。种子发芽的最低温度是 10℃，最适温度为 20 ~ 30℃，适宜土层深度在 4 cm 以内。适应性强，抗寒、耐旱，喜肥、喜光。在华北及东北地区 3 ~ 5 月出苗，6 ~ 10 月开花结果，种子落地或借外力传播。每株可结种子 2 万多粒。

防除方法：参照狗尾草的防除方法，荞麦播后苗前，可以用精异丙草胺防除部分阔叶草。

藜

A. 成株　B. 花序　C. 种子

11. 猪毛菜

学名: *Salsola collina*

科属: 苋科猪毛菜属

生境: 生于农田、路旁、沟边、荒地。

分布与危害: 东北、华北、西北、西南等地区均有分布。

形态特征: 株高可达 1 m。茎近直立,通常由基部多分枝。叶条状圆柱形,肉质,先端具小刺尖,基部稍扩展下延。穗状花序,小苞叶 2 片,狭披针形,先端具刺尖,边缘膜质。花被片 5 片,透明膜质,披针形,果期背部生出不等形的短翅或草质突起。胞果倒卵形,果皮膜质,种子横生或斜生。

生物学特性及发生规律: 一年生草本。种子繁殖。在东北及西北部,5 月开始返青,7 ~ 8 月开花,8 ~ 9 月果熟。果熟后,植株干枯,于茎基部折断,随风滚动,从而散布种子。猪毛菜适应性、再生性及抗逆性均强,为耐旱、耐盐碱植物。

防除方法: 参照藜的防除方法。

猪毛菜

A. 成株　B. 种子　C. 干枯植株

12. 刺藜

学名：*Teloxys aristata*

英文名：Awned goosefoot

科属：苋科刺藜属

生境：多生于沙地农田、路旁。

分布与危害：分布于东北、华北、西北及山东、河南、四川等地，可危害小麦、玉米、燕麦、蔬菜、果树等作物。

形态特征：株高 15～40 cm，茎直立，多分枝，有条纹，无毛或疏生柔毛。叶片披针形或条形，全缘，互生，叶柄不明显，两面均为绿色，秋季多变为淡红色。复二歧聚伞花序生于枝顶或叶腋，分枝末端有针刺状的不育枝，花两性，花被片 5 片，绿色。胞果圆形，顶基压扁。种子圆形，边缘有棱，黑褐色，有光泽。

生物学特性及发生规律：一年生草本。种子繁殖，种子量极大。华北地区早春萌发，5 月中旬出苗，7～8 月花期，8～9 月果期，种子渐次成熟落地，经越冬休眠后萌发。

防除方法：参照藜的防除方法。

刺藜
A. 幼苗　B. 花　C. 生长前期植株
D. 生长后期植株　E. 种子

13. 反枝苋

学名： *Amaranthus retroflexus*

英文名： Redroot pigweed

科属： 苋科苋属

生境： 生于农田、果园、树林、草坪及地旁等地。

分布与危害： 分布于华北、东北、西北、华东、华中及西南等地区，主要危害棉花、花生、豆类、薯类、麦类、玉米、蔬菜、果树等。

形态特征： 株高 20 ~ 80 cm，有时达 1.3 m。茎直立，粗壮，淡绿色，有时具带紫色条纹，稍具钝棱，密生短柔毛，幼茎近四棱形，老茎有明显的棱状突起。叶菱状卵形或椭圆状卵形，顶端尖或微凹，有小芒尖，两面及边缘有柔毛，脉上毛密。花小，组成顶生或腋生的圆锥花序。苞片干膜质，透明，顶端针刺状。花被片 5 片，白色，顶端有小尖头，雄花有雄蕊 5 枚，雌花的花柱 3 个。种子细小，倒圆卵形，黑色，有光泽。幼苗子叶卵状披针形，具长柄，上、下胚轴均较发达，紫红色，密生短柔毛，初生叶 1 片，先端钝圆，微凹，叶缘微波状，背面紫红色，后生叶顶端具凹缺，第二后生叶叶缘有睫毛。

生物学特性及发生规律： 一年生草本。种子繁殖。华北地区早春萌发，4 月初出苗，4 月中旬至 5 月上旬出苗高峰期，7 ~ 8 月花期，8 ~ 9 月果期，种子渐次成熟落地，经越冬休眠后萌发。种子发芽的适宜温度为 15 ~ 30℃，适宜土层厚度在 2 cm 以内。

防除方法： 参照藜的防除方法。

反枝苋

A. 幼苗　B. 成株　C. 花序　D. 种子

14. 苣荬菜

学名: *Sonchus wightianus*

英文名: Field sowthistle herb

科属: 菊科苦苣菜属

生境: 生于农田、果园、树林、草坪、茶园和路边等。

分布与危害: 全国各地均有分布。在华北燕麦田个别地块发生量大，危害重。主要危害小麦、燕麦、玉米、胡麻、蔬菜、马铃薯、果树等作物，常以优势种群单生或混生危害。

形态特征: 株高 30～80 cm，茎、叶含乳白色汁液，茎直立，上部分枝或不分枝。匍匐茎长且发达，具匍匐根，淡黄褐色或白色，含乳白色汁液。基生叶丛生，具柄，茎生叶互生，无柄，基部抱茎，叶片宽披针形或长圆状披针形，叶缘有稀缺刻或羽状浅裂，边缘有尖齿，幼时常带紫红色，中脉白色。头状花序顶生直径约 25 cm，花梗及总苞均被白色绵毛。花全为舌状花，鲜黄色。瘦果长椭圆形，稍扁，有纵棱和横皱纹，红褐色，冠毛白色。

生物学特性及发生规律: 多年生草本植物。以地下根茎繁殖为主，种子也可繁殖。以根茎或种子越冬。我国中北部地区，4～5月出苗，6～10月为花果期，7月种子开始渐次成熟。根茎多分布在 5～20 cm 的土层中，耕翻土地切断的根茎可以发出新的植株。种子有冠毛，可随风传播，种子经越冬休眠后萌发，其单株结实可达 15 000～20 000 粒。实生苗于秋季或次年春季萌发，当年只进行营养生长，第2~3年才抽茎开花。

防除方法: 参照藜的防除方法，针对匍匐多年生杂草，除草剂效果有限，主要采取农业和机械措施，收获后早深耕能将匍匐的根茎翻到土壤表层，再搂出田外晒死，能减少土壤中的无性繁殖体，减轻第二年的发生。

苣荬菜

A. 幼苗　B. 根　C. 花　D. 种子

15. 小蓟

学名: *Cirsium arvense var. integrifolium*

英文名: Thistle

科属: 菊科蓟属

生境: 适应性很强，任何气候条件下均能生长，生于农田、路旁或荒地。

分布与危害: 全国各地均有分布，主要危害麦类、棉花、大豆等旱地作物。

形态特征: 株高 25 ~ 50 cm，具匍匐根茎，茎直立，有纵槽，幼茎被白色蛛丝状毛。叶互生，椭圆形或长椭圆状披针形，有不等长的针刺，两面均被蛛丝状茸毛。头状花序顶生，雌雄异株，总苞钟状，总苞片 5 ~ 6 层，雄花序总苞长 1.8 cm，雌花序总苞长约 2.3 cm，花管状，淡紫色。瘦果椭圆形或长卵形，具纵棱，冠毛羽状。

生物学特性及发生规律: 多年生草本。具长匍匐根，以根芽繁殖为主，在水平生长的根上产生不定芽或种子繁殖，如切断水平生长的根，则每段都能萌生成新株，借以迅速繁殖扩散。在西北、华北及东北地区，花果期 5 ~ 9 月。

防除方法: 参照苣荬菜的防除方法。

小蓟

A. 幼苗　B. 成株　C、D. 花　E、F. 种子

16. 蒲公英

学名： *Taraxacum mongolicum*

英文名： Dandelion

科属： 菊科蒲公英属

生境： 广泛生于中、低海拔地区的山坡草地、田野、河滩、路旁，农田、果园、苗圃零星发生。

分布与危害： 东北、华北、华东、华中、西南、西北各地均有分布。

形态特征： 多年生草本。根圆柱状，黑褐色，粗壮。叶莲座状开展，长圆状披针形或倒披针形，边缘羽状深裂，基部渐狭成短柄，边缘有齿。头状花序，直径 30～40 mm，花葶 2～3 条，直立，中空，上端有毛，单生于葶顶，总苞淡绿色，内层总苞片长于外层，花全为舌状花，黄色。种子上有白色冠毛结成的茸球，花开后随风飘到新的地方孕育新生命。瘦果长圆形至倒卵形，红褐色，上半部有尖小瘤，先端具长喙，冠毛白色，长约 6 mm。

生物学特性及发生规律： 多年生草本。早春开花，花后不久即结实，花葶陆续发生，直至晚秋尚见有花。野生条件下二年生植株就能开花结籽，有的单株开花数达 20 个以上，开花后经 13～15 d 种子即成熟。花期 4～9 月，果期 5～10 月。

防除方法： 参照苣荬菜的防除方法。

蒲公英

A. 幼苗　B. 花序　C. 种子

17. 草地风毛菊

学名： *Saussurea glomerata*

英文名： Meadow saussurea

科属： 菊科风毛菊属

生境： 生长于海拔 510 ～ 3200 m 的地区，常生长在森林、草地、湖边、沙丘、盐碱地、河堤、山坡、草原、荒地、路边及水边，为山地农田常见杂草。

分布与危害： 分布于陕西、黑龙江、北京、内蒙古、吉林、河北、新疆、山西、辽宁、青海等地，个别燕麦田危害较重。

形态特征： 株高可达 60 cm。具根状茎，地上茎近无毛。叶互生，叶片椭圆形或长椭圆形，叶长 5 ～ 12 cm，宽 2 ～ 8 cm，先端渐尖，基部楔形，全缘或有波状齿，上部叶渐小，基生叶与下部叶有 1.0 ～ 2.5 cm 的叶柄，上部叶无柄。伞房状花序，直径 1.0 ～ 1.5 cm，总苞钟状，长 13 ～ 15 mm，总苞片 4 层，外面具蛛丝状毛及短微毛，外层先端有细齿或 3 裂，中层有膜质粉红色具锯齿的附片，管状小花，花冠粉红色。瘦果长圆形，长约 3 mm，冠毛白色。

生物学特性及发生规律： 多年生草本。种子繁殖。花果期 7 ～ 10 月。

防除方法： 参照苣荬菜的防除方法。

草地风毛菊

A. 幼苗　B. 成株　C. 花　D、E. 种子

18. 黄花蒿

学名： *Artemisia annua*

英文名： Annual wormwood

科属： 菊科蒿属

生境： 多生于山坡、林缘、荒地、田边，也能生长在农田里。

分布与危害： 全国各地均有分布。主要危害小麦、玉米、燕麦、荞麦、谷子、大豆、马铃薯、蔬菜、苗圃、果树等。黄花蒿植株高大，争夺地力能力强，严重影响产量，丘陵地及管理粗放的田间受害严重。

形态特征： 全株具较强挥发油气味，无毛或有疏伏毛。株高40～150 cm。茎通常单一，直立，分枝，有棱槽，褐色或紫褐色，直径达6 mm。叶面基部和下部叶有柄，并在花期枯萎，中部叶卵形，羽状深裂，顶端尖，全缘或有1～2个齿，上部叶小，无柄，单一羽状细裂或全缘。头状花序，球形，有短梗，排列呈金字塔形的复圆锥花序，总苞无毛，总苞片2～3层，草质，鲜绿色，花托长圆形，花黄色，管状花。瘦果卵形或椭圆形，淡褐色，表面有隆起的纵条纹，无毛。

生物学特性及发生规律： 一年生或二年生草本植物。种子繁殖，以种子或幼苗越冬。种子发芽深度1～2 cm，土壤深层未萌发的种子可保持数年的生命力。10～11月或4～5月出苗，6～9月为花果期。单株可结数千粒或数万粒种子。种子小，可随风、灌溉水及收获物传播。

防除方法： 参照苣荬菜的防除方法。

黄花蒿

A.幼苗　B.成熟植株　C.种子

19. 苍耳

学名：*Xanthium sibiricum*

英文名：Cocklebur

科属：菊科苍耳属

生境：常生长于平原、丘陵、低山、荒野路边、田边。

分布与危害：广泛分布于东北、华北、华东、华南、西北及西南地区，多发生于北方秋熟旱作物地及南方高温旱地。

形态特征：株高可达 1 m。茎直立。叶互生，具长柄，叶片三角状卵形或心形，长 4 ~ 10 cm，宽 5 ~ 12 cm，叶缘有不规则的粗锯齿。幼苗子叶卵状披针形，三出脉，具长柄，上、下胚轴均发达，常带紫红色。初生叶卵形缘粗锯齿状，具睫状毛。边缘有不规则的锯齿或常呈不明显浅裂，两面有贴生糙伏毛。雌雄异花，雄头状花序球形，密生柔毛，雌头状花序椭圆形，内层片结成囊状。成熟的具瘦果的总苞变坚硬，无柄，卵形至长椭圆形，表面具钩刺，顶端喙长 1.5 ~ 2.5 mm，埋藏于总苞中。

生物学特性及发生规律：一年生草本植物。种子繁殖。苍耳喜温暖、稍湿润气候。耐干旱、瘠薄。4 月下旬发芽，5 ~ 6 月出苗，7 ~ 9 月开花，9 ~ 10 月成熟。种子易混入农作物种子中，根系发达，入土较深，不易清除和拔出。种子萌发的最适温度 20℃，出土最适深度 3 ~ 7 cm。

防除方法：参照藜的防除方法。

苍耳

A. 幼苗　B、C. 成株　D. 种子

20. 鬼针草

学名：Bidens pilosa

英文名：Herba bidentis pilosae

科属：菊科鬼针草属

生境：常生长于撂荒地、路边和疏林下，危害果树、桑树及茶树，也能危害大豆、麦类等其他旱地作物，但发生量小，危害轻，是常见杂草。

分布与危害：分布于华中、华东、华南及西南等地区，但近几年在福建局部地区，已经上升为龙眼、荔枝园的主要杂草。

形态特征：株高25～100 cm。茎直立，四棱形，疏生柔毛或无毛。中下部叶对生，叶片3～7深裂至羽状复叶，很少下部为单叶，小叶片质薄，卵形或卵状椭圆形，有锯齿或分裂，下部叶有长叶柄，向上逐渐变短，上部叶互生，3裂或不裂，线状披针形。头状花序，有长梗，总苞片7～8，外层托片狭长圆形，内层托片狭披针形。花有舌状花和管状花两种类型，其中管状花密集于花序中央。舌状花白色或黄色，4～7朵或无，部分不育。管状花黄褐色，长约4.5 mm，5裂。瘦果线形，成熟后黑褐色，长7～15 mm，有硬毛，具芒刺。

生物学特性及发生规律：一年生草本。种子繁殖。4～5月出苗，8～10月开花、结果。具芒刺的果实钩挂在人身、家畜或农具上，携带到各处而传播。喜湿润的土壤。

防除方法：参照藜的防除方法。

三叶鬼针草

A.幼苗　B.花　C.种子　D、E.成株

21. 牛膝菊

学名：*Galinsoga parviflora*

英文名：Smalflower galinsoga

科属：菊科牛膝菊属

生境：生长在庭院、荒地、河谷地、溪边、路边和低洼的农田中，在土壤肥沃而湿润的地带生长得更多。

分布与危害：分布于辽宁、安徽、江苏、浙江、江西、四川、贵州、云南和西藏等省区。危害粮食、蔬菜、果树及茶树。

形态特征：茎直立，多分枝，株高 15 ～ 50 cm，被柔毛。叶对生，具柄，叶片卵圆形至披针形，先端渐尖，基部圆形至宽楔形，边缘有齿或近全缘，有缘毛，基部三出脉明显。头状花序较小，有细长梗，总苞半球形，总苞片 2 层，宽卵形，有毛。舌状花瓣 45 片，白色，先端 3 ～ 4 齿裂。筒状花黄色，两性，先端 5 齿裂，花托有披针形托片。瘦果圆锥形，有棱和向上的刺毛，冠毛鳞片状。

生物学特性及发生规律：一年生草本。种子繁殖。花果期 7 ～ 10 月。

防除方法：参照藜的防除方法。

牛膝菊

A.幼苗　B.成株　C.花　D.种子

22. 青蒿

学名：*Artemisia caruifolia*

英文名：Sweet wormwood herb

科属：菊科蒿属

生境：常散生于低海拔、湿润的河岸边沙地、山谷、林缘、路旁等，为田边常见杂草。

分布与危害：朝鲜、日本、越南、缅甸、印度及尼泊尔等地有分布；在我国分布于吉林、辽宁、河北、陕西、山东、江苏、安徽、浙江、江西、福建、河南、湖北、湖南、广东、广西、四川、贵州、云南等省区。危害苹果、番茄、大豆、玉米、燕麦、荞麦等作物。

形态特征：主根单一，垂茎单生，高可达 150 cm，上部多分枝，下部稍木质化。叶具浓郁香气，叶片两面青绿色或淡绿色，无毛。茎生叶二回羽状全裂，裂片长圆状条形或条形。头状花序半球形，管状花，外围雌花，中央两性花，花黄色，小而香。

生物学特性及发生规律：一年生草本。种子繁殖和营养繁殖均可。短日照植物，长日照条件下延迟开花。6 ～ 9 月开花结果。

防除方法：参照藜的防除方法。

青蒿

A. 植株　B．花序　C.叶片

23. 萹蓄

学名：*Polygonum aviculare*

英文名：Common knotgrass

科属：蓼科萹蓄属

生境：生于耕地、田边、地头、道路旁和沟渠旁。

分布与危害：全国各地均有分布，以东北、华北地区发生较为普遍。主要危害玉米、麦类、棉花、豆类、蔬菜和果树等。

形态特征：株高 15 ～ 50 cm。茎匍匐或斜上，基部分枝甚多，具明显的节及纵沟纹，幼枝上微有棱角。叶互生，叶柄短，2 ～ 3 mm，亦有近于无柄者，叶片披针形至椭圆形，先端钝或尖，基部楔形，全缘，绿色，两面无毛。花 6 ～ 10 朵簇生于叶腋，花梗短，苞片及小苞片均为白色透明膜质，花被绿色，5 深裂，具白色边缘，结果后，边缘变为粉红色。瘦果包围于宿存花被内，仅顶端小部分外露。

生物学特性及发生规律：一年生草本。种子繁殖，种子萌发最适温度 10 ～ 20℃，种子出土深度 4 cm 以内。在我国中北部地区集中于 3 ～ 4 月出苗，6 ～ 9 月开花结果。种子成熟后即可脱落，借风及灌溉水及收获物传播。种子落地经越冬休眠后萌发。适生性强，酸性和碱性土壤均可生长。

防除方法：参照藜的防除方法。

萹蓄

A.幼苗　B、C.成株　D、E.花序　F.种子

24. 卷茎蓼

学名：*Polygonum convolvulus*

英文名：Black bindweed

科属：蓼科何首乌属

生境：生于耕地、田边、地头及沟渠旁。

分布与危害：分布于东北、华北地区及陕西、甘肃、新疆等地。主要危害麦类、大豆、苗圃等旱地作物，缠绕作物，影响光照，也易使作物倒伏，是农田恶性杂草。

形态特征：茎缠绕，纤细，干后紫红色。叶长圆状卵形，基部心形或戟形，沿叶脉有小刺。穗状花序腋生，苞片绿色，三角状卵形，苞腋内有1～4朵，花被5深裂，淡绿色，边缘白色，裂片果期稍增大，有突起的肋或狭翅。果实呈绿褐色，雄蕊8裂，柱头头状。瘦果黑色，有3条棱，长约3 mm，椭圆形，表面密布细点，无光泽，全毛花被内。

生物学特性及发生规律：一年生草本。种子繁殖，种子发芽最适温度15～20℃，种子出土深度在6 cm以内，土壤深层未发芽的种子可存活多年。4～5月出苗，6～7月开花，8～9月成熟。一株卷茎蓼可结数百至数千粒种子。成熟的种子在全株枯死后才脱落。种子通过机械收割、风力、灌溉水及混入收获物中传播。种子经越冬休眠后萌发。

防除方法：参照藜的防除方法。

卷茎蓼

A. 幼苗　B、C. 成株　D. 花序　E. 种子

25. 酸模叶蓼

学名：*Polygonum lapathifolium*

英文名：Dockleaf knotweed

科属：蓼科蓼属

生境：常生于田间和沟边。

分布与危害：几乎遍及全国，以福建、广东和东北的一些省份发生和危害较为严重，是西北个别燕麦田的主要杂草。为夏熟作物田主要杂草之一，亦发生于秋熟旱地作物田。

形态特征：株高 30～120 cm。茎直立，红色，节部膨大，常散生暗红色斑点。叶形及大小多变，披针形至椭圆形，两面沿主脉着生粗硬毛，近中部常有大型暗斑，托叶鞘膜质，淡褐色，筒状，纵脉纹明显，顶端无缘毛。圆锥花序，苞片斜漏斗状，膜质，边缘疏生短睫毛，花瓣白色至粉红色。瘦果卵圆形，扁平，两面微凹，黑褐色，光亮。

生物学特性及发生规律：一年生草本。种子繁殖。种子萌发的适宜温度 15～20℃，土层深度宜在 5 cm 以内。喜水湿环境。

防除方法：参照藜的防除方法。

酸模叶蓼

A. 植株　B. 花序　C. 种子

26. 龙葵

学名： *Solanum nigrum*

英文名： Black nightshade herb

科属： 茄科茄属

生境： 生于田边、荒地及农田内。

分布与危害： 几乎全国均有分布，华北及东北地区尤为普遍。

形态特征： 株高 30 ~ 60 cm。茎上部多分枝。叶互生，叶卵形，长 2.5 ~ 10 cm，宽 1.5 ~ 5.5 cm，顶端尖锐，全缘或有不规则波状粗齿。花序为短蝎尾状或近伞状，侧生或腋外生，有 4 ~ 10 朵花，花冠白色，花萼绿色，杯状，5 浅裂，花冠裂片卵状三角形，子房卵形，花柱中部以下有白色茸毛。浆果球形，熟时黑色。种子近卵形，扁平。

生物学特性及发生规律： 一年生草本。种子繁殖，种子萌发的适温 14 ~ 22℃，土层深度宜 10 cm，生长适宜温度为 22 ~ 30℃，开花结实期适宜温度为 15 ~ 20℃。对土壤要求不严，在有机质丰富，保水保肥力强的壤土上生长良好。适宜的土壤 pH 5.5 ~ 6.5。

防除方法： 参照藜的防除方法。

龙葵

A. 植株　B. 果实　C. 花　D. 种子

27. 黄花刺茄

学名： *Solanum rostratum*

英文名： Buffalobur、Spiny nightshade

科属： 茄科茄属

生境： 生于农田、村落附近、路旁、荒地及农田。

分布与危害： 原产新热带区北美洲和美国西南部，除佛罗里达州已经遍布美国，并且已分布到加拿大、墨西哥、俄罗斯、韩国、南非、澳大利亚等国家或地区。目前，在我国主要分布在东北、华北以及西北的部分省区。适应和繁殖能力强，极耐干旱，蔓延速度极快，是一种高度危险的检疫性有害生物。

形态特征： 株高 30～70 cm。茎直立，自中下部多分枝，密被长短不等黄色的刺，刺长 0.5～0.8 cm，并有带柄的星状毛。叶互生，叶柄长 0.5～5cm，密被刺及星状毛，叶片卵形或椭圆形，长 8～18 cm，宽 4～9cm，不规则羽状深裂及部分裂片羽状半裂，裂片椭圆形或近圆形，先端钝，表面疏被 5～7 分叉星状毛，背面密被 5～9 分叉星状毛，两面脉上疏具刺，刺长 3～5 mm。蝎尾状聚伞花序腋外生，具 3～10 朵花，花期花轴伸长变成总状花序，长 3～6 cm，花冠黄色，辐状，径 2～3.5 cm，5 裂，瓣间膜伸展，花瓣外面密被星状毛，雄蕊 5 枚，花药黄色，异形，下面 1 枚最长，长 9～10 mm，后期常带紫色，内弯曲成弓形。浆果球形，直径 1～1.2 cm，完全被增大的带刺及星状毛硬萼包被，萼裂片直立靠拢成鸟喙状，果皮薄，与萼合生，萼自顶端开裂后种子散出。种子多数，黑色，直径 2.5～3 mm，具网状凹。

生物学特性及发生规律： 一年生草本。黄花刺茄的传播主要有 3 个途径：一是果实挂在动物皮毛上进行传播；二是由风传播；三是通过河流进行传播。黄花刺茄在新的环境中具有很强的竞争力和侵略性，它生长后迅速繁殖并排挤其他植物。它的根须扎入到相邻植物的根系中吸取营养水分，枝叶分枝多，扩展面积大，争夺相邻植物的阳光，有它在，别的植物很难存活。它容易建成单优势种群落，消耗土壤养分，导致土地荒芜。花果期 6～9 月。

防除方法： 参照藜的防除方法。

黄花刺茄

A. 成株　B. 花　C. 茎　D. 果实　E. 群体

28. 打碗花

学名： *Calystegia hederacea*

英文名： False bindweed

科属： 旋花科打碗花属

生境： 多生长于农田、平原、荒地及路旁。

分布与危害： 分布于全国各地。常成片生长，形成优势种群或单一群落。危害小麦、燕麦、荞麦、豆类、薯类、棉花、甜菜、蔬菜等作物。

形态特征： 茎细弱，长 0.5 ~ 2 m，匍匐或攀缘。主根较粗长，横走。叶互生，叶片三角状戟形或三角状卵形，侧裂片展开，常再 2 裂。花萼外有 2 片大苞片，卵圆形。花冠喇叭形，粉红色或白色，口近圆形微呈五角形。蒴果。

生物学特性及发生规律： 多年生草质藤本。在我国大部分地区不结果，以根扩展繁殖。地下茎质脆易断，每个带节的断体都能长出新的植株，根茎可伸展到 50 cm 深的土壤中，绝大多数集中在 30 cm 以内的耕作层中。华北地区 4 ~ 5 月出苗，花期 7 ~ 9 月，果期 8 ~ 10 月。适生于湿润而肥沃的土壤，亦耐瘠薄、干旱。

防除方法： 参照苣荬菜的防除方法。

打碗花

A. 幼苗　B. 成株　C. 花　D. 种子　E. 根

29.田旋花

学名： *Convolvulus arvensis*

英文名： Field bindweed

科属： 旋花科旋花属

生境： 生于耕地及荒坡草地、村边路旁。

分布与危害： 分布于东北、西北、华北及河南、山东、四川、江苏、西藏、内蒙古等地区。为常见主要杂草，主要危害玉米、麦类、棉花、豆类、蔬菜、苗圃和果树等作物。

形态特征： 茎平卧或缠绕，有棱。具直根和根状茎，根状茎横走。叶片戟形或箭形，长 2.5 ~ 6 cm，宽 1 ~ 3.5 cm，全缘或 3 裂，先端近圆或微尖，有小突尖头，中裂片卵状椭圆形、狭三角形、披针状椭圆形或线形，侧裂片开展或呈耳形。花 1 ~ 3 朵，腋生，花梗细弱，苞片线形，与萼远离，萼片倒卵状圆形，无毛或被疏毛，缘膜质，花冠漏斗形，粉红色、白色，长约 2 cm，外面有柔毛，褶上无毛，有不明显的 5 浅裂，雄蕊的花丝基部肿大，有小鳞毛，子房 2 室，有毛，柱头 2，狭长。蒴果球形或圆锥状，无毛，种子椭圆形，无毛。

生物学特性及发生规律： 多年生草本。以根茎和种子繁殖，地下根状茎横走，在我国中北部地区，根芽 3 ~ 4 月出苗，种子 4 ~ 5 月出苗，5 ~ 8 月陆续现蕾开花，6 月以后果实渐次成熟，9 ~ 10 月地上茎叶枯死。种子主要通过灌水及混杂于收获物中传播。

防除方法： 参照苣荬菜的防除方法。

田旋花

A. 幼苗　B. 成株　C. 花　D. 种子

30. 马齿苋

学名：*Portulaca oleracea*

英文名：Purslane

科属：马齿苋科马齿苋属

生境：生于菜园、农田、路旁，为田间常见杂草。

分布与危害：广布全球温带及热带地区，我国各地均有分布。肥沃的土地危害较重，为秋熟旱地作物田的主要杂草。

形态特征：茎带紫红色，匍匐状，上胚轴较发达，带红色。叶楔状长圆形或倒卵形，互生或近对生。花 3 ~ 5 朵，生于枝顶端，花瓣 4 ~ 5 片，黄色，裂片顶端凹，雄蕊 10 ~ 12 枚，花柱顶端 4 ~ 5 裂。蒴果盖裂，种子细小，扁圆，黑色，表面有细点。

生物学特性及发生规律：一年生肉质草本。4 月下旬出苗，花期 5 ~ 8 月，果期 7 ~ 9 月。果实种子量极大。种子萌发的温度范围为 17 ~ 43℃，土层深度宜在 3 cm 以内。

防除方法：参照藜的防除方法。

马齿苋

A.幼苗　B.茎　C.群体

31. 蒺藜

学名： *Tribulus terrestris*

英文名： Fructus tribuli

科属： 蒺藜科蒺藜属

生境： 生长于沙地、荒地、山坡、田野、路旁及河边草丛。

分布与危害： 分布全球温带地区。我国分布全国各地，以长江以北地区更普遍。可危害花生、麦类、棉花、豆类、薯类、蔬菜等作物。

形态特征： 茎自基部分枝，平卧地面，长可达 1 m 左右，无毛，被长柔毛或长硬毛。羽状复叶，互生，小叶长圆形，先端尖锐或钝，基部稍偏斜，近圆形，全缘，托叶披针形，小而尖。花单生于叶腋，萼片 5 片，宿存，花瓣 5 片，黄色，雄蕊 10 枚。果实由 5 个果瓣组成，成熟后分离，每个果瓣有长短刺各 1 对，并有硬毛及瘤状突起，内含 2 ～ 3 粒种子。

生物学特性及发生规律： 一年生草本。种子繁殖，花期 5 ～ 8 月，果期 6 ～ 9 月。果刺易粘附家畜毛间，有损皮毛质量。

防除方法： 参照藜的防除方法。

蒺藜

A. 幼苗　B. 花　C. 茎和果实　D. 种子　E. 成株